Bernd Sternal

Energie

Das physikalische Blut unserer Gesellschaft

Einblicke, Erkenntnisse, Ausblicke

Sternal Media

Bibliografische Information der Deutschen Nationalbibliothek
Die Deutsche Nationalbibliothek verzeichnet diese Publikation in der Deutschen Nationalbibliografie; detaillierte bibliografische Daten sind im Internet über dnb.d-nb.de abrufbar.

Impressum:

© 2012 Bernd Sternal
Herausgeber: Verlag Sternal Media, Gernrode
Lektorat: Ulrich Herrmann
Gestaltung und Satz: Lisa Berg, Sternal Media, Gernrode
www.sternal-media.de
www.harz-urlaub.de
1. Auflage Januar 2013
ISBN: 9-783-8482-6060-7
Herstellung und Verlag:
BoD - Books on Demand, Norderstedt

Inhalt			Seite
1	Einführung		5
2	Energie – von innen wirkend		7
3	Geschichtliche Aspekte		8
4	Energie ist überall		9
5	Die Elektrifizierung		12
6	Batterien und Akkumulatoren		14
7	Das Automobil revolutioniert die Welt		17
	7.1	Der Ottomotor	18
	7.2	Der Dieselmotor	19
	7.3	Der Elsbett-Motor	20
	7.4	Der Diesel-Otto-Motor	21
	7.5	Der Hybridantrieb	21
	7.6	Der Sterling-Motor	22
8	Der Holzgasgenerator		24
9	Diesel aus Abfall		25
10	Diesel aus Algen		27
11	Kraftstoff durch Fotosynthese		28
12	Energie des Windes		29
13	Fossile Energieträger		34
	13.1	Kohle	34
	13.2	Erdöl	37
	13.3	Erdgas	38
	13.4	Torf	40
14	Fracking		40
15	Die Jagd nach Rohstoffen		43
16	Solarenergie		46
	16.1	Solarkollektoren	48
	16.2	Solararchitektur	49
	16.3	Fotovoltaik	50
17	Die Energie des Wassers		55
	17.1	Laufwasserkraftwerke	57
	17.2	Wasserspeicher- und Wasserpumpspeicherkraftwerke	58
	17.3	Wellenkraftwerke	59
	17.4	Gezeitenkraftwerke	60
	17.5	Osmose-Kraftwerke	60
	17.6	Meereswärmekraftwerke	61

Inhalt **Seite**

	17.7 Gletscherkraftwerke	61
	17.8 Meeresströmungskraftwerke	61
18	Erdwärme – die innere Energie unseres Planeten	62
19	Thermochemische Wärmespeicher	65
20	Biokohle	67
21	Energie aus nachwachsenden Rohstoffen	68
22	Der Tod der Glühlampe	74
23	Celtee	77
24	Energy Harvesting – Energie aus alltäglichen Quellen	80
25	Wasser – das Lebenselixier dieser Welt	84
26	Autarke Energieversorgung	86
27	Bionik – von der Natur lernen	91
28	Druckluft – die unterschätzte Alternative?	92
29	Freie Energie, auch Raumenergie genannt	94
30	Energieträger der Weisen	95
31	Supraleiter	97
32	Brennstoffzellen	98
33	Blockheizkraftwerke	100
34	Wärmetauscher	101
35	Atomenergie	102
36	Der Ionenantrieb	110
37	Energiesparendes Bauen	113
38	Wärmedämmung – Bautechnik mit Tücken	115
39	Resümee	119

1. Einführung

Lesen oder hören wir heute das Wort „Energie", assoziieren wir damit spontan die Farbe Grün und das Ökomilieu. Initiiert von der Grünen-Politikrichtung in den 70er Jahren des vergangenen Jahrhunderts, eroberte die Ökogesinnung in Windeseile, über alle Partei- und Institutionsgrenzen hinweg, die westlichen Industrieländer und auch die Bundesrepublik Deutschland. Es ist guter moralischer Ton „öko" zu sein, wer sich anders äußert, was er denkt bleibt dabei sein Geheimnis, handelt moralisch verwerflich. Dabei kann man schon mal schnell als „Dümmling" abgestempelt werden, besonders wenn man an eingefleischte Ökodogmatiker gerät, für die sich alle gesellschaftlichen und politischen Probleme in ökologischen Aspekten erschöpfen.

Die ökologische Gesinnung bestimmt inzwischen die öffentliche Meinung. Es ist ein Klientel von Bildungsbürgern, Intellektuellen und den üblichen Mitläufern, das allen anderen Bürgern versucht ihre Sichtweise aufzuzwingen – wir nennen sie oftmals „Gutmenschen" – der amerikanische Journalist David Brook taufte sie „Bobos". Das steht für bourgeoise Bohemians, welches man als widersprüchliche Symbiose zwischen Spießer und Revolutionär ansehen kann. Diese Gesinnungsgenossen bestimmen zunehmend, ob wir für oder gegen Geschwindigkeitsbegrenzungen sind, ob Atomkraft Zukunft hat oder nicht, ob wir Solar- und Windkraftanlagen brauchen oder nicht, ob nachwachsende Rohstoffe unproblematisch für die Energiegewinnung eingesetzt werden können, ob wir Thunfisch aus der Dose essen sollten oder nicht?

Dabei wird teilweise bewusst oder unbewusst gefährliches Halbwissen unter die Leute gebracht, das zur guten Gesinnung passt. Und es wird allzu gern verschwiegen, dass jede Medaille zwei Seiten hat – entscheidet man sich für die eine Seite, muss man zwangsweise die andere in Kauf nehmen. Daher gilt gründliches Abwägen, wozu alle Fakten ehrlich auf den Tisch gehören. Aber dann muss eine Entscheidung getroffen und die daraus resultierenden Nachteile müssen akzeptiert werden. Wir treiben aber langsam auf ein gesellschaftliches Klima zu, welches forciert, dass man gegen alles ist: gegen Atomkraft, gegen Windkraft, gegen neue Starkstromleitungen, gegen Lebensmittel zur Energieerzeugung und so weiter und so fort.

Die Zeit der taffen Ökopioniere, welche Ideale hatten und diese lebten, ist lange vorbei. Heute sind Ökologie und Wirtschaft lobbyistisch verflochten, Ökologie ist das große neue Geschäft unserer Zeit.

Häufig hängt man heute im Ökomilieu dem Glauben an, im Besitz der einzigen, der reinen Wahrheit zu sein.

Und man maßt sich damit das Recht an, Andersdenkende zu erziehen und zu maßregeln. Leider nehmen sich diese Ökolehrer und -prediger selbst aus der Pflicht, genießen allzu gern den gehobenen Lebensstil. Sie predigen Wasser, aber selber trinken sie Wein. Es wird rund um den Globus zu Kongressen, Meetings und Veranstaltungen aller Ökotouch-Art gejettet, neben dem Fahrrad und dem überteuerten E-Mobil oder Hybrid-Auto steht der SUV, im Wohnzimmer knistert der elitäre Natursteinkamin, man wohnt nicht öko sondern komfortabel und das Öko-Obst wird mit dem Jumbo eingeflogen. Dafür aber propagiert man, der Otto-Normalverdiener solle sein kleines Sparguthaben für eine kostspielige Solaranlage ausgeben – der Umwelt zuliebe und denen, die die Anlagen produzieren und montieren. Dass sich diese Anlagen in unseren Breiten oft nicht amortisieren, merkt der Investor viel zu spät.

Seit Beginn des wahren Öko-Booms haben sich zahlreiche Konsumforscher mit dem Grünen Lebensstil wissenschaftlich auseinander gesetzt und sind zu den Ergebnissen gekommen: je ökologischer die Einstellung, desto umweltbelastender der entsprechende Lebensstil.

Aber lassen wir einfach Fakten sprechen. Machen Sie sich selbst ein Bild über „das physikalische Blut der Gesellschaft" – gewinnen Sie Einblicke, Ausblicke und Erkenntnisse.

Und ich hoffe, Ihnen diese doch teilweise trockene Materie, verständlich und etwas unterhaltsam darstellen zu können, damit auch Sie in Zukunft mitreden können und treffende Argumente haben, wenn der allgemeine grüne Mainstream wieder mal als Keule von Leuten aufgefahren wird, denen Hintergrundwissen fehlt.

2. Energie – von innen wirkend

Energie ist das Lebenselixier schlechthin. Alle Tiere haben Körperflüssigkeiten, die den Stoffwechsel garantieren und aufrechterhalten. Bei den Wirbeltieren, zu denen die Säugetiere und auch der Mensch zählen, wird diese Funktion vom Blut wahrgenommen. Das zirkuliert, durch die mechanische Tätigkeit des Herzens als Pumpe, in den Blutgefäßen. Dieses Herz-Kreislaufsystem versorgt alle Körpergewebe durch sein feinverzweigtes Netz. Hauptfunktion des Blutes ist, neben vielen anderen Funktionen, der Transport von Sauerstoff und Nährstoffen zu den Zellen, sowie der Abtransport von Stoffwechselendprodukten wie Kohlendioxid und Harnstoff. Blut ist also ein Transportmedium für Energie, die erforderlich ist, um alle Körperfunktionen aufrecht zu erhalten. Die Natur hat es so eingerichtet, dass dieser körperinterne Energietransport unbemerkt abläuft und das auch weitgehend unbeeinflussbar durch uns Menschen. Uns obliegt es nur, Nahrung aufzunehmen und schon beginnen diese inneren Energieabläufe.

Bloß gut, dass anscheinend die Politik diese Zusammenhänge noch nicht für sich erkannt hat! Eine Energieabgabe auf alles Essbare würde sonst sicher schon heiß diskutiert.

Schon sind wir beim Kern meiner Einlassungen rund um das Thema Energie.

„Energie" stammt aus dem Griechischen und setzt sich aus den Wortteilen „en" – innen und „ergon" – Wirkung zusammen. Also ist Energie = Innenwirkung. Diese Energie mit seiner Innenwirkung ist eine der fundamentalsten physikalischen Größen, die in allen Teilgebieten der Physik, aber auch in der Technik, der Chemie, der Biologie und der Wirtschaft eine zentrale Rolle spielt. Sicherlich ist sie für die menschliche Spezies sogar die bedeutendste naturwissenschaftliche Einheit, ist sie doch in der Lage, Arbeit zu verrichten. Die menschliche Fähigkeit zu denken und damit verbunden, Energie zur Arbeitsverrichtung nutzbar zu machen, hat unsere Entwicklung maßgeblich beeinflusst.

3. Geschichtliche Aspekte

Energie ist im gesamten Universum allgegenwärtig. Schon die weithin anerkannte Urknalltheorie, als Modell der Entstehung des Universums, baut im Wesentlichen auf energetische Prozesse auf. Gleiches gilt für die Entstehung unseres Planeten Erde sowie für die Bildung und Entstehung aller Materie.

Der Mensch als Primat ist seit Anbeginn mit Energien konfrontiert worden. Wohl als einen der ersten energetischen Prozesse, hat er sich des Feuers bedient. Von Naturgesetzen hat er zu dieser frühen Zeit seines Daseins natürlich noch nichts gewusst. Er erkannte die Vorzüge der chemischen Energie, die aus dieser Oxidationsreaktion in Form von Wärme und Licht entstand. Nutzte er diese Energien zuerst nur, so verstand er es schon bald, auch Feuer zu erzeugen. Feuer wird zu den ältesten Kulturtechniken gezählt und seine Nutzung und Beherrschung war einer der bedeutendsten Faktoren der Menschwerdung. Energien gab es jedoch überall in der Lebensumwelt des frühen Menschen, er konnte sie sich nur nicht erklären. Für die Menschen in urgeschichtlicher Zeit waren diese Energien, die sie spüren und fühlen konnten, darin ist auch die Energie der Sonne und des Mondes mit eingeschlossen, einfach nur mystisch. Sicher suchten sie auch damals schon nach Erklärungen, aber sie fanden keine und selbst uns heute, in unserer Wissensgesellschaft, ist noch so vieles unerklärlich oder unklar. Also schufen sich unsere Vorfahren übernatürliche Wesen, sie schufen sich Glaubensüberzeugungen, die zwar nichts erklärten und kein Wissen hervorbringen konnten, die aber ihre Welt anschaulicher machten und so ein Gefühl von Sicherheit vermittelten.

Die Menschen gelangten zu allen Zeiten zu Erkenntniszuwächsen, sie lernten – besonders aus Fehlverhalten – ihr somit erworbenes Wissen gaben sie an ihre Nachkommen weiter. Sicherlich ging bei dieser Art der Wissensvermittlung oft einiges verloren, was vorher bereits bekannt war. Erst mit der Entstehung der Schrift als Entsprechung zur Sprache, wurde es möglich Erkenntnisse, also Wissen, materiell festzuhalten. Mit der Schrift entwickelten sich auch das Lesen und Rechnen. Alle bekannten frühen Hochkulturen: Sumer, Ägypten, Indus-Kultur, Reich der Mitte, Olmeken, werden mit der Verwendung der Schrift in Verbindung gebracht. Die früheste dokumentierte Form von wissenschaftlicher Arbeit, also von gezielter Forschung und Lehre, ist auf das antike Griechenland zurückzuführen. Griechische Wissenschaftler waren wohl auch die ersten, die sich mit Innenwirkung – also Energie – auseinandersetzten. So ist von Thales von Milet (zirka 624 v.Chr. bis 546 v. Chr.) überliefert, dass er sich mit elektrischer Energie beschäftige.

Er nahm an, dass neben Lebewesen auch Magnetsteine eine Seele haben, weil sie Eisen bewegen können. Die antiken griechischen Philosophen waren zugleich den Naturwissenschaften sehr verbunden und entwickelten Naturphilosophien. Anaxagoras (499 v. Chr. bis 428 v. Chr.) erkannte bereits, dass die Sonne keine Gottheit war und bezeichnete sie als strahlenden Stein, der auch den Mond erleuchtet. Auch Aristoteles (384 v. Chr. bis 322 v.Chr.) befasste sich insbesondere in seiner Bewegungslehre mit energetischen Prozessen. Seine Theorien blieben bis zu Galilei und Newton einflussreich. Der griechische Mathematiker, Physiker und Ingenieur Archimedes (um 287 bis 212 v. Chr.) formulierte unter anderem das Hebelgesetz und setzte sich somit wissenschaftlich mit potentieller Energie auseinander.

Im Jahr 1936 wurde während archäologischer Grabungen bei Bagdad, von dem Deutschen Wilhelm König, ein seltsames Tongefäß gefunden. Da dieses Gefäß einen Kupferzylinder mit einem Eisenstäbchen enthielt, wird es von der Wissenschaft als erste Batterie angesehen und erhielt den Namen „Bagdad-Batterie". Das in einer alten Pharter-Siedlung gefundene Technikrelikt wird auf ein Alter von etwa 2 200 Jahren geschätzt.

4. Energie ist überall

Lange bevor die Menschen allerdings begannen sich wissenschaftlich mit dem Arbeitsmedium Energie auseinanderzusetzen, nutzten sie bereits Energie in den verschiedensten Formen. Sie sammelten Erkenntnisse, die sie aus der Praxis gewannen und handhabten die verschiedensten Energieformen. Sie fertigten unter Einsatz ihrer Körperenergie Werkzeuge, optimierten diese ständig, um beim Gebrauch weniger Energie einsetzen zu müssen oder aber mit dem gleichen Energieeinsatz eine bessere Wirkung zu erzielen. Sie fertigten Speere, Pfeile und Bögen, Messer und Töpferwaren. Die Töpferscheibe, die durch energetische Prozesse angetrieben wird, zählt zu den ältesten Erfindungen der Menschheit. An Hand von Funden wird vermutet, dass in Indien bereits vor über 7 000 Jahren mit derartigen drehbaren Scheiben Keramik hergestellt wurde.

Das Feuer, diese elementare chemische Energie, haben die Menschen schon sehr früh zu nutzen gelernt, wann ist sehr umstritten. Dadurch, dass man anfing die Nahrung zu garen, gingen grundlegende Veränderungen bei Gebiss, Gehirn und Verdauungstrakt einher. Irgendwann, hunderttausende von Jahren später, erkannte der jungsteinzeitliche Mensch auch die Nutzung dieser Energiequelle zum Schmelzen von Erzen und somit die Herstellung und Verarbeitung von Metallen. Zuerst wurden die gediegen vorkommenden Metalle Kupfer und Gold verarbeitet. Diese Anfänge gehen zirka 9 000 Jahre zurück; später kamen Eisen, Silber, Blei, Zinn und Zink sowie viele andere Metalle hinzu.

Das Römische Reich, eines der größten politischen Gebilde der Menschheitsgeschichte, forcierte die Technikentwicklung erheblich. Dazu entwickelten und erfanden die Römer zahlreiche Verfahren, Techniken und Technologien, die die Muskelkraft des Menschen ersetzten. Sie bauten gewaltige Torsionsgeschütze, die ihre Gegner in Angst und Schrecken versetzten, sie errichteten riesige Wasserleitungssysteme, um Wasser dorthin zu leiten, wo es gebraucht wurde, sie nutzten das Wasser zum Betrieb von Mühlen, sie leiteten über ausgeklügelte Systeme in Öfen erzeugte Wärmeenergie in alle Räume von Gebäuden, sie brannten aus Ton Ziegelsteine für ihre Bauten und verwendeten Opus Caementitium (Gussmauerwerk) um sie zu vermauern und vieles mehr.

Jedoch ging das Römische Reich unter, und damit konnten sich auch technische und energetische Glanzleistungen nicht auf Dauer erhalten. Die vielen verschiedenen Kulturen, die unterdrückt und zwangsweise verwaltet wurden, erduldeten die römische Hegemonie nicht auf Dauer. Die Franken waren die kulturellen Erben des untergegangenen Römischen Weltreiches auf drei Kontinenten. In dieser Umbruchphase kam es zu einer gewaltigen Völkerwanderung, deren Grund bis heute nicht eindeutig geklärt ist. Zahlreiche wissenschaftliche Fakten weisen aber darauf hin, dass diese Völkerwanderung mit einer Hungersnot einherging, die auf eine oder mehrere Naturkatastrophen zurückzuführen war, was zu extremen Klimaveränderungen führte. So gibt es eine wissenschaftliche Theorie, dass es um das Jahr 535 in Indonesien zu einem gewaltigen Vulkanausbruch gekommen ist, dem bisher gewaltigsten in der überlieferten Geschichte. Unmengen von Asche, Gasen und anderen Materialien wurden in die Stratosphäre geschleudert, verblieben dort wohl Jahre und breiteten sich großflächig, wenn nicht sogar global aus. Diese dicke Asche-Wolkenschicht hat dann wohl für Jahre die Sonneneinstrahlung erheblich herabgesetzt. Fehlende Sonne, verbunden mit Temperatursturz und weiteren klimatischen Veränderungen, werden dann zu erheblichen Missernten geführt haben.

Ein Einwurf an dieser Stelle – ich werde diesen Ball später nochmals aufnehmen! Was kann uns heute, im 21. Jahrhundert, vor solch einer Naturkatastrophe schützen und wie wären heute die Auswirkungen?

Dann brach das „Dunkle Mittelalter" über Europa herein, zuvor waren schon alle andern Hochkulturen dieses Planeten untergegangen. Vieles, was vorher schon entdeckt oder erfunden worden war, geriet in Vergessenheit und musste neu entdeckt oder erfunden werden. In diesem feudalen Zeitalter, das entscheidend von Kirche und Klerus beeinflusst und geprägt war, zählte wissenschaftlicher und technischer Fortschritt wenig. Aber die Menschen entwickelten sich und auch die Gesellschaft. Mit der Reformation ab dem Jahr 1517 kam es zu tiefgreifenden gesellschaftlichen Veränderungen – auch die Kirche spaltete sich. Wissenschaft und Technik erhielten einen völlig neuen Stellenwert in der Gesellschaft, den die Menschen nutzten. Weg von der Muskelkraft, hin zur Mechanisierung war die Devise, denn allein etwas herzustellen – koste es was es wolle – reichte nicht mehr. Zuerst wurde in breiter Front die Wasserkraft als Energiequelle eingesetzt, was insbesondere den Bergbau und auch das Hüttenwesen beflügelte. Bis heute ist die Wasserkraft wohl die sauberste und sicherste Energiequelle, aber auch eine vernachlässigte, wie Experten meinen. Aber dazu später mehr.

Auch die Windenergie, die schon seit der Antike bekannt war, hielt als Energielieferant verstärkt Einzug. Sie revolutionierte die Schifffahrt, machte einen ersten globalen Handel und Warenaustausch möglich und sie trieb Windräder an. Später, nach der Industriellen Revolution, verlor sie ihre Bedeutung, wurde weitgehend aber in der Neuzeit wiederentdeckt.

Sicherlich war die Kohle als fossiler Brennstoff auch schon seit der Antike, und wohl auch noch früher, vereinzelt bekannt. Gleiches trifft wohl auch auf das Mittelalter zu. Warum aber diese schmutzigen, schwarzen Steine verbrennen, wenn genug Holz da ist? Im 16. Jahrhundert erlebte Europa allerdings eine erste Energiekrise, welche das Ergebnis des unbeschwerten Abholzens der Wälder war. Besonders der stark aufstrebende Bergbau und das Hüttenwesen verbrauchten Unmengen an Holz. Die Holzpreise schossen in die Höhe und die europäischen Länder begannen ihren Wald zu schützen. Die Kohle stieß in die entstandene Energielücke vor. Innerhalb von drei Jahrhunderten wurden riesige Kohlereviere erschlossen, bei denen sich im 19. Jahrhundert industrielle Ballungsgebiete bildeten.

Folgend schwappte die Industrialisierung, die wir als Industrielle Revolution bezeichnen, von Großbritannien auf das europäische Festland über und die beginnenden Industrialisierungsprozesse benötigten für ihre Entwicklung vor allem eines – Energie. Kohle war der Energielieferant Nummer eins. Die Kohlenwasserstoffe lieferten bei ihrer Verbrennung Energie, die als Wärme, zum

Antrieb von Dampfmaschinen, zum Antrieb von Generatoren, zur Erzeugung von Elektroenergie und vielem mehr genutzt wurde. Wir können also mit Fug und Recht sagen: Ohne Kohle keine frühindustrielle Entwicklung.

Mehr aus Zufall stieß man bei der Suche nach immer neuen Kohleflözen auf eine zähe, bläuliche, stinkende Flüssigkeit. Das „Erdpech", wie es bezeichnet wurde, fand verschiedensten Einsatz als Arznei, Schmier- und Dichtungsmittel. Mehr wusste man damit aber nicht anzufangen. Daher waren diese „Erdpechseen" für den deutschen Bergbaufachmann Georg Hunaeus und seinen Studienfreund, Salineninspektor Hahse, von grundlegender wissenschaftlicher Bedeutung. Es muss allerdings erwähnt werden, dass zu jener Zeit vorrangiges Interesse an Braunkohle bestand. Die beiden Bergbauspezialisten vermuteten unter den „Erdpechseen" entsprechende Braunkohlelagerstätten. So wurden sie vom Innenministerium in Hannover mit entsprechenden Bohrungen beauftragt, deren Leitung Georg Hunaeus übertragen wurde. Diese Tiefbohrungen, in Wietze/Aller in den Jahren 1857 bis 1859, waren garantiert die ersten ihrer Art in Deutschland. Und sie waren mit großer Wahrscheinlichkeit auch die ersten weltweit! Ein Harzer Bergbaufachmann hat also Bergbaugeschichte geschrieben und einen nicht unwesentlichen Beitrag zur Erdölentdeckung und somit zur Industrialisierungsgeschichte geleistet. Die praktische Auswertung und die wirtschaftliche Nutzbarkeit fanden zwar erst etwa zwanzig Jahre später statt, was den Leistungen von Prof. Hunaeus aber keinen Abbruch tat. Schließlich gingen die Bohrungen, mit den einfachen technischen Möglichkeiten, über vierzig Meter tief.

5. Die Elektrifizierung

Die Elektrizität wurde schon in der antiken Welt entdeckt, aber man hatte wohl noch keine Verwendung für diesen seltsamen physikalischen Effekt. Das änderte sich erst Mitte des 19. Jahrhunderts mit der Erfindung der Telegrafie und auch in der Galvanik fand der elektrische Strom seine ersten Anwendungen. Für diese Technologien reichte zunächst die Leistung von Batterien. Dann wurde Gleichstrom hergestellt und in Insellösungen der Industrie eingesetzt, vorrangig zur Beleuchtung. Schon nach kurzer Zeit trat ein Problem zu Tage, dass wir bis heute nicht gelöst haben – die gleichmäßige Abnahme der erzeugten Elektroenergie oder aber deren Speicherung. Aber auch dazu später mehr! Die Betreiber der Elektrizitätswerke suchten nach neuen Lösungen, um ihre Tageskurve zu beeinflussen – die Nutzung zur Wärmegewinnung sowie der Antrieb von Maschinen waren vielversprechende Anwendungsgebiete. Wesentlich beeinflusste der deutsche Ingenieur, Erfinder und Unternehmer Werner von Siemens diese Entwicklung mit seinen zahlreichen Erfindungen, insbesondere mit dem elektrodynamischen Prinzip sowie mit der Erfindung der isolierten elektrischen Leiter, die wir heute Elektrokabel nennen. Diese Erfindung war praktisch der Geburtshelfer der Elektrotechnik. Ab dem Jahr 1880 wurden die Generatoren immer leistungsstärker, und dank der Kabel konnte der Strom jetzt auch überall hin transportiert werden. Deutschland und die Welt wurden elektrifiziert. Das Problem der täglichen Lastkurve aber blieb, niemand scherte sich wirklich darum. Am allerwenigsten die Energieproduzenten, sie wollten nur ihren Strom verkaufen. So wurde von Anfang an der fossile Energieträger Kohle verbrannt, mit der Wärmeenergie Turbinen angetrieben, deren Generatoren Strom produzierten – dieser Strom wurde dann zum Teil wieder in Wärmeenergie, zu Heizzwecken, umgewandelt. Stromspeichertechnologien waren kein Thema und Stromsparen schon gar nicht – Kohle war ja schließlich ohne Ende da!? Die Energieerzeuger verließen sich aber bei der Beschaffung ihrer Energieträger, sowie bei den Anwendungen zum Energieverbrauch, nicht allein auf den Markt. Sie bildeten binnen kürzester Zeit riesige Konzerne, die alles in einer Hand bündelten und schon bald die gesamte junge Industriegesellschaft dominierten. Die Politik als einziges mögliches Reglementarium konnte oder aber wollte diese Monopolbildung nicht erkennen, geschweige denn aufbrechen. Sicher, ohne diese Elektrifizierung hätte die Industrielle Revolution nicht so stattgefunden, wie sie stattgefunden hat. Wir wären keine Industrienation und auch unsere heutige Informationsgesellschaft würde es so nicht geben. Aber hätte man nicht berücksichtigen müssen/können, was diese Elektrifizierung auslöst, dass die Kohle einmal verbraucht sein wird? Über Umweltschutz hat man sich in jener Zeit keine Gedanken gemacht. Ehrlich, Umweltschutz ist nur für Wohlstandsgesellschaften, nicht für Leute die ständig ums Überleben kämpfen müssen. Da müssen wir einsichtig sein und auch für andere Länder, die keine Wohlstandsgesellschaft haben, das nötige Verständnis aufbringen. Und wir müssen diesen Entwicklungs- und Schwellenländern helfen, damit sie nicht die gleichen Fehler begehen, wie die Industrieländer.

6. Batterien und Akkumulatoren

Batterien und Akkumulatoren werden wohl nie die primäre Lösung zur Speicherung von Energie liefern können. Ihnen wird sicherlich, zumindest in absehbarer Zukunft, eine entscheidende Rolle bei schienenungebundenen Fahrzeugen sowie bei mobilen elektrischen und elektronischen Geräten zukommen, vielmehr aber wohl nicht – zu groß ist der Rohstoffeinsatz und zu gering das Speichervolumen.

Unter dem technischen Begriff einer elektrischen Batterie versteht man eine Zusammenschaltung mehrerer gleichartiger galvanischer Elemente, die nicht wieder aufladbar sind. Sie sollen daher in meinen Ausführungen keine weitere Rolle spielen, denn ihre Daseinsberechtigung beschränkt sich ausschließlich auf mobile Kleinverbraucher. Leider wird der Begriff heute oft in einen Atemzug mit sogenannten Sekundärzellen, also wieder aufladbaren Elektroenergiespeichern, genannt, das sind allerdings Akkumulatoren, also Akkus.

Die erste Vorform eines Akkumulators, der – im Gegensatz zu den Zellen von Alessandro Volta – nach der Entladung wieder aufladbar war, wurde schon im Jahr 1803 von Johann Wilhelm Ritter gebaut. Der wohl bekannteste Akku-Typ dagegen, der Bleiakkumulator, wurde erst in den Jahren 1850 bis 1886 entwickelt. Seit dieser Zeit wird kontinuierlich an der Weiterentwicklung dieser Elektroenergiespeicher gearbeitet und geforscht. Eigentlich ist die Funktionsweise eines Akkus recht einfach, so sieht es wenigstens auf den ersten Blick aus. Beim Aufladen wird elektrische Energie in chemische umgewandelt. Wird ein elektrischer Verbraucher an den Akku angeschlossen, so wird die chemische Energie in elektrische zurückgewandelt. Klingt doch einfach und unkompliziert, oder? Die für eine elektrochemische Zelle typische elektrische Nennspannung, der Wirkungsgrad und die Energiedichte hängen allerdings von der Art der verwendeten Materialien ab. Und da ist den Entwicklern, Forschern und Wissenschaftlern bisher noch nicht der ganz große Wurf gelungen. Heute haben wir, besonders im Bereich der Elektronik, hochentwickelte Akkus mit kleinen Abmessungen, hohem Wirkungsgrad und großer Energiedichte. Die gängigen Lithium-Ionen-Akkumulatoren sind auch schon sehr schnellladefähig und von langer Lebensdauer.

Bei Elektroenergiespeichern für die Elektrotechnik, also bei Verbrauchern mit höheren Leistungsanforderungen, die höhere Nennspannungen benötigen, sind dagegen bis heute leider keine bedeutenden Fortschritte gemacht worden.

Anscheinend hat man die Forschung und Entwicklung auf diesem Sektor vernachlässigt, schließlich wollte man Benzin und Diesel verkaufen. Diese Fehlentwicklung, diese Unterlassung, fällt uns heute auf die Füße. Die in Kraftfahrzeugen herkömmlich eingesetzten Akkus dienen in Form der Starterbatterie dazu, Strom für Licht, Bordelektronik und vor allem den Anlasser zum Starten des Verbrennungsmotors zu liefern. Läuft der Motor, wird der Akku über die, als Generator arbeitende, Lichtmaschine wieder aufgeladen. Ähnliches gilt für Schiffe und Flugzeuge. Beim elektrischen Antrieb von Kraftfahrzeugen zum Beispiel, werden deren Akkus zur Unterscheidung von bloßen Starterbatterien dann als Traktions-Akkumulatoren bezeichnet. Sie unterscheiden sich hauptsächlich durch deutlich höhere Kapazitäten und spezielle Bauformen von handelsüblichen Akkus. Allerdings sind diese Fahrzeug-Traktions-Akkumulatoren bei weitem nicht auf dem Entwicklungsstand ihrer kleinen „Kollegen" aus dem Elektronikbereich. Wer dem widersprechen möchte, dem halte ich die Zulassungszahlen für rein elektrisch angetriebene PKWs im Jahr 2010 entgegen, lediglich zweitausend Stück. Einfach zu teuer, zu lange Ladezeiten, zu geringe Reichweite und zu kurze Lebensdauer, das betrifft auch die Lithium-Ionen-Batterien der neuesten Generation. Die Akkus der Zukunft werfen bisher nur einen schwachen Schein am Horizont, sie benötigen noch eine lange Entwicklung bis sie eine echte Alternative zum Verbrennungsmotor darstellen können. Lithium-Schwefel-Akkus sind in Entwicklung: Sie haben eine drei- bis fünfmal höhere Energiedichte als die Lithium-Ionen-Akkus und sind recht unempfindlich gegen Temperaturschwankungen: ihr Defizit ist bisher ihre Lebensdauer. Auch an Lithium-Polymer-Akkus wird geforscht. Deren Hauptvorteil ist ihre beliebig anpassbare Form, da keine Flüssigkeiten benötigt werden; aber diese Akkus sind sehr kälteempfindlich. Besonderes Potential wird den Lithium-Luft-Akkus vorhergesagt, deren Leistungsfähigkeit alle anderen Typen übertreffen soll. Aber auch hier sind Lebensdauer und Temperaturschwankungen die Kriterien, die noch nicht beherrscht werden.

Sicher haben Sie gemerkt, alle genannten Typen haben eines gemeinsam: den Stoff Lithium. Aber auch dieses Alkalimetall steht nicht unbegrenzt zur Verfügung. Geologen schätzen einen Anteil von 0,006 % in der Erdkruste; somit ist Lithium erheblich seltener als Zink oder Kupfer. Auch sind seine Verbindungen umwelt- und gesundheitsschädlich. Es ist also noch ein weiter Weg, ein sehr weiter, bis Elektrofahrzeuge Bestandteil unseres alltäglichen Lebens sein werden.

Auch sehe ich bis heute keine Maßnahmen bei der Errichtung neuer Infrastrukturen oder der Modernisierung vorhandener, die zukünftigen Elektrofahrzeugen Rechnung tragen würden.

Wie soll jemand, der keine eigene Garage hat und sein Fahrzeug auf einem Parkplatz abstellt, dann seinen Fahrzeug-Akku wieder aufladen, mit einer Verlängerungsschnur etwa? Skandinavien ist hierbei ein Vorreiter, dort hat man bereits viele Parkplätze gebaut, wo man sein Elektroauto aufladen kann; auch Tankstellen bieten dort Schnellladestationen an. Zwar gibt es auch in großen deutschen Städten mittlerweile öffentliche Ladesäulen mit Münz-/Kartensystemen, die führen aber noch ein Nischendasein.

Auch hat die Solartechnik bisher kaum Einzug in den serienmäßigen Kraftfahrzeugbau gehalten. Anbieter, beziehungsweise Entwickler von mobilen Solartechnologien sind fast ausschließlich kleine Technologiefirmen. Dabei wäre die Ausstattung von allen Kraftfahrzeugen, die über einen Elektroantrieb verfügen, wohl eine prädestinierte Technologie für Reichweitenverlängerung und auch unabhängige Akkuaufladungen.

Die Trendstudie Elektromobilität 2012 des Consulters Warnstorf-Berdelsmann, für welche vierhundert Fachexperten aus Wissenschaft, Entwicklung, Zulieferung, Finanzwelt sowie der Automobilkonzerne befragt wurden, zeigt, dass die Elektromobilität in Deutschland zu stagnieren droht, weil die Bundesrepublik kaum Anstrengungen unternimmt, um ihr Ziel von einer Million Elektroautos für das Jahr 2020, zu erreichen. In anderen Industrieländern sieht es nicht viel besser aus – doch die Welt schaut auf die Auto-Nation Deutschland.

Ein anderer effizienter Energieerzeuger, um die Akkumulatoren in E-Mobilen aufzuladen, wären sicherlich Turbinen. Bei höheren Geschwindigkeiten, wie sie von Kraftfahrzeugen erreicht werden, treten starke Strömungen an der Karosse auf, die Turbinen antreiben könnten, um damit die Akkus aufzuladen. Ich meine also keine Gasturbinen, die Kraftstoff verbrennen um Turbinendruck zu erzeugen! Letztere werden derzeit bei einigen Kraftfahrzeugherstellern auf Serienreife getestet und sollen wohl bei Jaguar bald in Serie gehen. Ich meine Fahrtwindturbinen, die während des Fahrens Strom erzeugen, die Akkus zusätzlich speisen und so die Reichweite erheblich erhöhen könnten. Dazu müssen Karosserien designt werden, die uns sicherlich sehr futuristisch vorkommen würden. Durch den Wegfall der gesamten Verbrennungsmotoreinheit, inklusive herkömmlichem Kühlsystem, Getriebe und einigem mehr, ist dieser Designschnitt sicher möglich und wohl auch nötig. Aber Großindustrien und Regierungen tun sich schwer mit der autarken Energieerzeugung – mit gravierenden Veränderungen, die tief in die Geschäfts- und Steuermodelle eingreifen.

Letztendlich benötigen wir zukünftig aber auch Energiespeicher für die nicht abgenommene Elektroenergie der nichtbeeinflussbaren regenerierbaren Energieerzeuger wie Windkraft-, Solar-, Fotovoltaik- oder Gezeitenanlagen. Haben wir die nicht zur Verfügung, kann diesen genannten regenerativen Energieträgern nur eine begrenzte Bedeutung zukommen. Akkumulatoren, in welcher Form und mit welchen Stoffen auch immer, müssen dabei sicherlich eine überschaubare Rolle übernehmen.

7. Das Automobil revolutioniert die Welt

Ende des 19. Jahrhunderts war die Geburtsstunde eines neuen revolutionären Fortbewegungsmittels – des Automobils. Lenior, Reithmann, Daimler, Otto, Ford, Benz, Maybach, Diesel, Bosch und Co. sei Dank. Wurden die ersten Fahrzeuge noch mit Gas- oder Dampfmaschinen angetrieben, erkannte man schnell die Vorzüge des Verbrennungsmotors als Antrieb. Konkurrierten die verschiedenen Antriebsarten anfangs noch stark miteinander, so setzte sich Ende des 19. Jahrhunderts der Hubkolbenmotor durch. Um das Jahr 1920 dominierte dann der Benzinmotor und beflügelte damit nicht nur den Fahrzeugbau, sondern auch die Erdölindustrie.

Natürlich setzte man in den ersten Jahrzehnten der Entwicklung des Automobils die Schwerpunkte auf die Technik. Ein Auto sollte bequem, zuverlässig, schnell und langlebig sein, aber es sollte auch Chic und Status ausstrahlen. Umweltschutz und Kraftstoffverbrauch waren kein Thema, die Benzinpreise waren niedrig und Erdöl gab es in Hülle und Fülle – meinte man. Die Schnelligkeit, mit der sich alle gesellschaftlichen Abläufe auf dieses neue Verkehrsmittel einstellten, war atemberaubend und wird in der Technikgeschichte wohl nur noch von Computer und Mobiltelefon übertroffen. Diese spielen preislich jedoch in einer anderen Liga. Im 1. und 2. Weltkrieg kamen dann die ersten Erkenntnisse, wie es einem motorisierten Land ergehen kann, wenn es über keinerlei eigene Erdölvorkommen verfügt. Und seitdem dreht sich die Welt- und Außenpolitik aller Nationen um den Einfluss auf diese Ressourcen. Trotzdem war in den Nachkriegsjahrzenten Umweltschutz und Kraftstoffverbrauch noch kein Thema – es gab Wichtigeres zu tun, besonders im kriegsgebeutelten Europa. Aber auch die USA, die durch die zwei Weltkriege zur Weltmacht geworden waren, aber keine Kriegsschäden zu beheben hatten, spürten keine Notwendigkeit zum Kraftstoffsparen. Man demonstrierte seine wirtschaftliche

Überlegenheit durch gewaltige „Straßenkreuzer" mit großem Hubraum, zahlreichen Zylindern und vielen PS.

7.1 Ottomotoren

Im Jahr 1876 entwickelte Nicolaus August Otto den ersten Viertaktgasmotor mit verdichteter Ladung. Auf dieser patentierten Erfindung basieren alle Weiterentwicklungen des Viertaktmotors, der bis heute als Ottomotor bezeichnet wird. Die klassischen Merkmale des Ottomotors sind: Fremdzündung durch Zündkerze, Gemischbildung aus Kraftstoff und Luft, Motorleistungsregelung über Luftmengenregulierung sowie limitiertes Kompressionsverhältnis durch Temperatur und Druck; diese Hauptmerkmale haben Jahrzehnte den KFZ-Motorenbau bestimmt. Der Kraftstoffverbrauch war aber konstruktionsbedingt relativ hoch und der Wirkungsgrad relativ gering.

Erst mit dem Einzug von elektronischen Motorsteuerungen und der damit verbundenen Direkteinspritzung, hat sich die „Wirtschaftlichkeit" erheblich verbessert. Moderne Benzindirekteinspritzer, die als FSI- oder GDI-Motoren bezeichnet werden, weichen von den Merkmalen des Ottomotors schon erheblich ab.

Der klassische Ottomotor ist konstruktiv ein Hubkolbenmotor, der bei Anordnung von mehreren Zylindern auch als V-Motor bezeichnet wird. Ein dem Ottomotor ähnlicher thermodynamischer Kreisprozess läuft auch im Rotationskolbenmotor ab, welcher als Wankelmotor bekannt ist. Der, vom Ingenieur Felix Wankel, erfundene Motor, konnte allerdings nur als Kreiskolben-Wankelmotor, der im Jahr 1957 von Hans Dieter Paschke konzipiert wurde, zu einer gewissen Bedeutung gelangen. Dies ist insbesondere wohl auf den vergleichsweise deutlich höheren Kraftstoffverbrauch zurückzuführen.

Eine weitere Sonderbauform des Benzinverbrennungsmotors ist der Boxermotor. Dieser Motor grenzt sich insbesondere vom V-Motor durch die Anordnung der Pleuel auf der Kurbelwelle ab. Der Bau von Boxermotoren erfordert einen größeren Fertigungsaufwand als der von V-Motoren, wodurch ihm nur ein Nischendasein zukommt. Besonders Subaru und Porsche haben sich dieser Bauform verschrieben. Porsche wohl wegen der flachen, kurzen Bauweise dieses Motors, verbunden mit einem günstigen Kraftfluss.

7.2 Dieselmotor

Dieser Motor, der schon im Jahr 1892 erfunden wurde, hat den Namen von seinem Erfinder Rudolf Diesel. Beim Diesel-Verbrennungsverfahren wird, im Gegensatz zum Ottomotor, kein zündfähiges Luft-Kraftstoff-Gemisch dem Brennraum zugeführt, sondern ausschließlich Luft. Diese wird zunächst im Zylinder hochverdichtet, wodurch sie sich auf siebenhundert bis neunhundert Grad Celsius erhitzt. Dann beginnt die Einspritzung und Feinstzerstäubung des Dieselkraftstoffes in den heißen Zylinder, wo sich diese mit der heißen Luft vermischt. Die Temperatur in diesem heißen Brennraum ist ausreichend, um des Luft-Kraftstoff-Gemisch zu zünden, daher auch die Motorbezeichnung Selbstzünder. Im Gegensatz zum Ottomotor wird die Motorleistung nicht durch die zugeführte Luft geregelt, sondern durch die Menge des eingespritzten Kraftstoffs.

Der Dieselmotor hat gegenüber dem Ottomotor einige Vorteile, wobei wohl die wirtschaftlichen Aspekte am schwersten wiegen, da dieser Motor einen höheren Wirkungsgrad und somit einen geringeren Kraftstoffverbrauch hat. Trotzdem blieb der Einsatz von Dieselmotoren jahrzehntelang ausschließlich Nutzfahrzeugen vorbehalten. Auch bis in die 1990-er Jahre galten Dieselmotoren in PKWs zwar als sparsam, zuverlässig und langlebig – aber auch als wenig dynamisch und leistungsfähig; hinzu kam das klopfende Motorgeräusch. Mit dem Einzug der Motorelektronik änderte sich dies grundlegend. Moderne Turbodiesel mit Ladeluftkühlung und Kraftstoffeinspritzung traten einen ungeahnten Siegeszug bei PKWs an. Dynamik und Motorleistung wurden den Benzinmotoren mehr als ebenbürtig, allerdings bei wesentlich geringerem Kraftstoffverbrauch. Auf die Schadstoffemissionen dieser beiden Motorbauarten möchte ich hier nicht eingehen – bei beiden sind diese durch technische Maßnahmen in den letzten zwanzig Jahren drastisch reduziert worden und weitere Emissionsreduzierungen sind möglich. Auch der Verbrauch an Kraftstoffen geht kontinuierlich zurück, ohne dabei Leistung und auch Fahrspaß zu beeinträchtigen.

Trotzdem! Beide Motorentypen sind Verbrennungsmotoren und benötigen zu ihrem Betrieb vorrangig fossile Rohstoffe in Form von Erdöl oder Kohle. Bei den Dieselaggregaten werden zwar inzwischen auch Kraftstoffe aus nachwachsenden Rohstoffen (Biodiesel) eingesetzt, trotzdem sind neue Lösungen erforderlich, denn Erdöl wird zunehmend knapp.

7.3 Elsbettmotor

Sie haben noch nie vom Elsbettmotor gehört? Dann werde ich mal versuchen, Ihnen dieses Motorenprinzip vorzustellen. Der Elsbettmotor wurde nach seinem Erfinder Dr. h.c. Ludwig Elsbett benannt. Der Ingenieur Elsbett, der im Jahr 1913 in Salz geboren wurde, arbeitete seit dem Jahr 1937 an der Entwicklung von Verbrennungsmotoren in den Junkerswerken. Nach dem Krieg machte sich Elsbett in Salzgitter mit der Produktion eines Zweitakt-Dieselmotors selbstständig, der im Jahr 1951 auf der IAA in Berlin bei der Fachwelt für Aufsehen sorgte. Von 1959 bis 1965 arbeitete er dann als Motorenentwickler bei MAN in Nürnberg, bevor er sich, mit seinen Söhnen Günter und Max, erneut selbständig machte. In Hilpoltstein betrieb er die Elsbett-Konstruktion, ein Ingenieurbüro zur Optimierung von Diesel-Verbrennungsmotoren. Im Jahr 1973 stellte die Elsbett-Konstruktion die weltweit ersten serienmäßig hergestellten turboaufgeladenen direkteinspritzenden PKW-Dieselmotoren vor, die von Elsbett die Abkürzung TDI erhielten. Später wurden 3-Zylinder- Reihenmotoren und Sechszylinder-V-Motoren hergestellt.

Den Elsbettmotoren wurde in den 1980-er Jahren eine große Zukunft vorausgesagt, aber anscheinend hatte die Automobilindustrie kein Interesse an einer Zusammenarbeit mit Elsbett und setzte ihre eigenen Strategien durch.

Nach der Wiedervereinigung kam es zu einer Kooperation zwischen der Elsbett-Konstruktion und der Antriebs- und Maschinentechnik GmbH in Schönebeck. Es wurde ein Lizenzvertrag geschlossen und es begann eine vielversprechende Zusammenarbeit in Schönebeck, bis zum Produktionsanlauf 1991. „Am 01. Januar 1991 war bereits der Produktionsanlauf für den 3-Zylinder TDI Pflanzenölmotor mit der Leistung des bisherigen 6-Zylinders perfekt. Erprobt bei Elsbett und bei DMS mit 500 Stunden. Bei Dauerläufen und in Schlepper-Feldversuchen war dieser sparsamste 3-Zylinder mit der Leistung des bisherigen 6 Zylinders der wirtschaftlichste Motor der Welt." (Elsbett-Museum). In dieser Situation löste die Treuhand den Schönebecker Geschäftsführer ab und setzte eine neue Geschäftsführung ein, die das Elsbett-Projekt stoppte. Dr. Elsbett war dadurch mit seinen vielversprechenden Motorkonstruktionen erneut ausgebremst worden. Diesmal endgültig! Die Deutsche Bank, als Kreditgeber, verkaufte ihr Elsbett-Engagement an die Citybank Sao Paulo – es erfolgten der Verkauf der Elsbett-Konstruktion und ihre Insolvenz.

Nun stellt sich die Frage, was hatte der Elsbett-Motor, was andere Motoren nicht hatten und warum verwehrte man ihm seinen Erfolg?

Das ist in wenigen Worten und ohne „Fachchinesisch" gar nicht so einfach zu erklären. Allgemein betrachtet, arbeitet der Elsbett-Motor nach dem Dieselprinzip. Das Besondere am Elsbett-Motor ist seine Konstruktion und damit in direktem Zusammenhang stehend, dass er ohne Zwangskühlung auskommt. Das charakteristische Merkmal ist somit der optimierte Verbrennungsprozess der im Kolbenraum rotierenden Verbrennungsluft mit dem eingespritzten Kraftstoff. Das Elsbett-Verbrennungsprinzip kann unabhängig von Bauweise und Arbeitsverfahren der Motoren eingesetzt werden. Es hier im Detail zu erläutern würde diesen Rahmen sprengen. Festgehalten werden kann aber, dass Ludwig Elsbett durch Optimierung von Ladungswechsel, Gemischbildung, Direkteinspritzung und Thermomanagement einen Motor mit sehr hohem Wirkungsgrad erfunden hat. Zahlreiche Quellen, so auch das Elsbett-Museum, geben sogar an, dass der Wirkungsgrad des Elsbett-Motors bis heute unerreicht ist und somit auch kein anderer Motor kraftstoffsparender fährt als er. Übrigens soll auch die Lebensdauer dieser Motoren die herkömmlichen bei weitem übertreffen. Verantwortlich dafür sollen die Stahlkolben und -zylinder sein, einhergehend mit geringer thermischer Belastung. Aber wollen wir sparsame Motoren, die fast ewig halten? Wir schon – aber für die Industrie muss dies ein Albtraum sein.

7.4 Diesel-Otto-Motor

Im Fachjargon wird dieser Motor als HCCI-Motor bezeichnet (Homogeneous Charge Compression Ignition). Weltweit forschen und entwickeln derzeit Firmen und Forschungseinrichtungen an einem Motor mit homogener Kompressionszündung, mit dem Ziel der Reduzierung des Schadstoffausstoßes und der Erhöhung des Wirkungsgrades. Dabei wird technisch eine Kombination aus Diesel- und Otto-Prinzip favorisiert, bei der im Prinzip dem Ottomotor eine Selbstzündung implementiert wird. Gewisse Parallelen zum Elsbett-Motor sind wohl unverkennbar.

7.5 Hybridantriebe

Der Ausdruck „Hybrid" bedeutet „etwas Gebündeltes, Gekreuztes oder Gemischtes" und stammt aus dem Lateinischen. In der Technik versteht man darunter im Allgemeinen ein System, bei dem zwei Technologien miteinander kombiniert werden. Bezogen auf Fahrzeuge versteht man darunter ein kombiniertes System mit mindestens zwei verschiedenen Antriebssystemen und mit mindestens zwei verbauten Energiespeichern. Die Antriebssysteme können Verbrennungsmotoren sein, Elektromotoren, aber auch Heißgasmotoren, pneumatische oder hydraulische Antriebe – teilweise kommt sogar ein zusätzlicher Muskelantrieb zum Einsatz. Ein Elektrofahrrad ist also auch ein Hybridfahrzeug.

Auch bei den Energiespeichern gibt es die verschiedensten Varianten: Kraftstofftanks, Akkumulatoren, Wasserstofftanks, Autogastanks, Druckluftspeicher – aber auch Feststofflagerbehälter für Holzvergaser. Die regenerativen Speicher, also die Akkumulatoren, werden neben der Stromentnahme aus dem öffentlichen Netz (Steckdose) auch über andere Energielieferanten wie Solarenergie und Bremsenergie aufgeladen.

Ebenso ist die Entnahme von elektrischem Strom durch Oberleitungen oder durch berührungslose Energieübertragungssysteme in den Fahrbahnen möglich oder denkbar. Viele weitere Antriebssysteme, die allein für einen Fahrzeugantrieb nicht geeignet sind, bieten sich für die Zukunft als Systemkomponenten an – so durchaus auch Ionenantriebe, Fahrtwindturbinen oder Brennstoffzellen.

Ziel aller dieser Hybridtechnologien ist es, umweltfreundliche und erneuerbare Energieformen als Hauptantrieb einzusetzen und zur Erweiterung der Reichweite, Verbrennungsmotoren zuzuschalten. Das gesamte Energie- und Antriebsmanagement wird dabei von moderner Elektronik gesteuert. Insbesondere für die Fahrzeugtechnik stellt der Hybridantrieb sicherlich ein Antriebskonzept der Zukunft dar.

7.6 Der Stirling-Motor

Der Stirling-Motor wird auch Heißgasmotor genannt und ist eine Wärmekraftmaschine. Erfunden wurde dieser Motor bereits im Jahr 1816 von dem schottischen Geistlichen Robert Stirling, von welchem er auch seinen Namen erhalten hat. Somit ist er, nach der Dampfmaschine, die zweitälteste Wärmekraftmaschine. Die Hochdruckdampfmaschinen, die damals die Welt zu erobern begannen, hatten noch viele technische Defizite und forderten daher zahlreiche Opfer. Stirling wollte mit seiner Erfindung eine Alternativlösung schaffen.

Leider blieb diesem Motor zunächst der Erfolg versagt. Eine erste kleine Blüte erlebte er Ende des 19. Jahrhunderts als Pendant zu kleinen Elektromotoren. Mit zunehmender Elektrifizierung verlor er jedoch bald wieder seine Bedeutung.

Zu Beginn der 1930-er Jahre entdeckte die niederländische Firma Philips dann den Stirling-Motor neu. Das Unternehmen baute Radios, die in der ganzen Welt verkauft wurden. Dafür benötigte es eine kompakte Kraftmaschine, die den Betriebsstrom für das Radio erzeugen konnte, denn noch gab es nicht überall elektrischen Strom.

Mit dem 2. Weltkrieg, der zunehmenden Elektrifizierung sowie dem Aufkommen von Transistoren, verlor der Stirling-Motor erneut seine Bedeutung und hat sie leider bis heute nicht wiedererlangen können.

Das Funktionsprinzip des Stirling-Motors besteht aus einem Zylinder mit Arbeits- und Verdrängungskolben, in dem ein Arbeitsgas eingeschlossen ist. Arbeitsgase können die verschiedensten Gase sein, bekannt sind: Luft, Helium, Wasserstoff und Kohlendioxid. Das Arbeitsmedium Gas wird an einem Zylinderende erhitzt und am anderen gekühlt, um Arbeit zu verrichten. Der Sterlingmotor arbeitet demzufolge nach dem Prinzip eines geschlossenen Kreisprozesses und wandelt thermische Energie, die schlecht nutzbar ist, in gut nutzbare mechanische Energie um. Die Wärmequelle ist dabei nicht definiert, sie muss nur kontinuierlich zur Verfügung stehen – es kommen also auch eine Vielzahl emissionsfreier Wärmequellen in Betracht. Dem Stirling-Motor sollte also theoretisch ein sehr breites Anwendungsspektrum offen stehen. Früher waren insbesondere Stirling-Motoren größerer Leistungen technologisch oft schwer beherrschbar. Heute hat man diese Probleme, die besonders mit der Wärmeübertragung in Zusammenhang stehen, technologisch im Griff oder kann sie im Griff haben. Trotzdem ist dem Stirling-Motor bisher nur ein Nischendasein beschieden: Solar-Stirling, Kühlaggregat für Wärmebildkamera, Blockheizkraftwerke, U-Boote der schwedischen Marine. Dabei kann der Stirling-Motor sowohl als Kältemaschine wie auch als Wärmepumpe eingesetzt werden. Natürlich hat dieser Motor auch technische Nachteile. So lässt sich eine Leistungsänderung nur langsam vollziehen und sein Drehmoment ist nicht sehr hoch. Dafür hat er aber auch überzeugende Vorteile aufzuweisen: sehr geräuscharmer Lauf, hohe Drehmomente, Nutzung von kostenlosen regenerierbaren Wärmeenergien. Warum der Stirling-Motor trotz der Vorteile für zahlreiche Anwendungen gegenüber anderen Maschinen so ein Nischendasein führt, ich weiß es nicht, sage ihm aber noch eine Blüte voraus.

8. Holzgasgenerator

Die Holzgasvergasertechnologie, die bereits im Jahr 1839 durch Carl Bischof erfunden wurde, zählt zu den ältesten Energiegewinnungstechnologien der Industriegeschichte. Einst hat sie die Metallurgie und Hüttentechnologie zu neuen Höhen geführt, dann war sie Betriebsgaslieferant für Kraftfahrtzeuge. Nach dem 1. Weltkrieg erkannten die europäischen Großmächte ihre Abhängigkeit vom Öl, man höre und staune, diese Erkenntnis ist fast einhundert Jahre alt. Da kam der Lothringer Chemiker George Imbert und entwickelte einen Holzgasgenerator, der in Kraftfahrzeuge eingebaut wurde. Ein für damalige Zeiten hochkompliziertes Unterfangen, denn bei der Vergasung von Holz finden zahlreiche chemische Reaktionen gleichzeitig statt, die alle gesteuert werden müssen. Außerdem ist Holz nicht gleich Holz. Dann kam der 2. Weltkrieg und das schon vorher knappe Öl wurde noch knapper. So ist es kein Wunder, dass allein in Deutschland hunderttausende, wenn nicht gar Millionen von Fahrzeugen aller Art wie PKW, Motorräder mit Beiwagen, LKW, Panzer, Schiffe, sogar Flugzeuge und Lokomotiven mit Holzgasvergasern ausgestattet wurden. Im Jahr 1941 sollen allein in Deutschland über 10 000 Arbeitskräfte an der Herstellung und dem Verbau von Holzgasgeneratoren gearbeitet haben.

Aber auch der Holzgasgenerator, dieses genial unabhängige Treibstofferzeugungsgerät, konnte den Sieg nicht retten. Nach dem Krieg brachte der Rohstoffmangel es mit sich, dass diese Geräte in der BRD noch bis in die 1950-er Jahre, in der DDR sogar bis weit in die 1960-er Jahre betrieben wurden. Dann aber war die Zeit der Holzgasgeneratoren endgültig abgelaufen, sie wurden zur Technikgeschichte.

Aber das Prinzip aus dem nachwachsenden Rohstoff Holz, der fast überall verfügbar ist, Energie zu erzeugen, hat sicherlich nicht endgültig seine Bedeutung verloren. Auch nicht für Fahrzeuge, denn mit modernen Fertigungstechnologien und dem Einsatz von computergesteuerter Mess- und Regelungstechnik würde sich so ein Holzgasgenerator unkompliziert im Fahrzeug integrieren lassen. Auch das aufwendige Starten und Bestücken mit Brennstoff würde sich alles automatisieren lassen – ein Knopfdruck würde ausreichen. Anstatt Brennholz könnten Holzpellets dienen, die sich platzsparender, in tankähnlichen Behältern mitführen lassen könnten. Erste Test-Mobile laufen bereits in Europa und den USA. Die Frage ist nur – will man solche Lösungen auch von politischer Seite oder bremst man diese Entwicklungen mit Vorschriften und Regeln aus?

Eine Alternative zu anderen Mobilitätssystemen ist es allemal und auch das Totschlagsargument „Umweltbelastung/Klimaschutz" ist technisch sicherlich in den Griff zu bekommen, wenn man denn will.

9. Diesel aus Abfall

Diesel, oder besser Dieselkraftstoff, ist eine Mischung verschiedener Kohlenwasserstoffe. Er findet Verwendung als Kraftstoff für sogenannte Dieselmotoren, die ich bereits erläutert habe.

Diesel ist im Herkömmlichen ein Produkt, das aus dem fossilen Rohstoff Erdöl mit Hilfe verschiedener chemischer Prozesse hergestellt wird, und dem spezifische Additive zugesetzt werden.

Diesel ist neben Benzin und Kerosin der bedeutendste Kraftstoff zum Antrieb für Verbrennungsmotoren für Verkehrsmaschinen zu Lande, zu Wasser und in der Luft. Ihm kommt demzufolge zur Aufrechterhaltung des internationalen Transportwesens eine entscheidende Bedeutung zu. Dementsprechend wird weltweit an der Entwicklung von Alternativkraftstoffen gearbeitet. Eine dieser Alternativen sind die sogenannten Biokraftstoffe, die wir als Kraftfahrer beispielsweise an den Tankstellenzapfsäulen als E10 oder Biodiesel angeboten bekommen. Biodiesel wird zu einem Großteil aus Rapsöl gewonnen, das ähnlich raffiniert wird wie Erdöl. Es schont somit die natürlichen fossilen Erdölreserven unserer Welt – dafür beansprucht der Rapsanbau große landwirtschaftliche Flächen. Ich habe auch immer meine Bedenken, wenn trotz andauerndem Hunger in vielen Teilen der Erde, Lebensmittel zweckentfremdet werden.

Da gefällt mir ein neues Verfahren zur Herstellung von Biodiesel schon weitaus besser. Überhaupt, ich nehme mich da nicht aus, suggeriert einem das Bestimmungswort „Bio", es mit einem guten und qualitativ hochwertigen Produkt zu tun zu haben, das außerdem noch unsere Umwelt schützt und schont. Entgegen aller Vernunft und wider besseren Wissens ist das so, was wohl dem gebetsmühlenartigen Eintrichtern über Jahrzehnte geschuldet sein wird. Heute müssen wir leider erkennen, dass die „Bio-Welle" zum Teil nur eine gewaltige Gelddruck- und Geldvermehrungsmaschine für zahlreiche Industriezweige ist. So kommt beispielsweise nur etwa 0,5 bis 1 % aller Baumwolle weltweit aus biologisch-nachhaltigem Anbau – daraus werden nach der Verarbeitung zu Kleidungsstücken auf wundersame Weise dann 3 bis 5 %.

Aber zurück zum neuen „Biodieselverfahren", das echt futuristisches Potential hat. Stellen Sie sich vor, wir nehmen all unseren Müll: Altreifen, Plastikabfälle, Altöle, synthetische Gewebe, aber auch Hausmüll, Essensreste, Stroh, Heu, Grünschnitt und Weihnachtsbäume – eben alles was organischen Ursprungs ist und machen daraus Diesel, „Biodiesel". Dieses Produkt hätte wohl unstrittig das Prädikat „Bio" verdient. Wir nehmen also diesen ganzen Müll der plötzlich wertig wird und machen daraus synthetisches Diesel. Man könnte dieses Verfahren durchaus als alchemistisch bezeichnen, stünden dahinter nicht solide physikalische und chemische Grundlagen.

Und wer hat's erfunden? Nicht die Schweizer, sondern der fränkische Chemie-Ingenieur Christian Koch. Katalytische drucklose Verölung (KDV) nennt er den Prozess, der die Biokraftstofferzeugung revolutionieren könnte. Vergleichbar mit der Herstellung von Pflanzenkohle, wo die natürliche Kohleentstehung imitiert wird, imitiert auch das KDV-Verfahren die natürliche Entstehung von Erdöl. Bei der natürlichen Entstehung von Erdöl bedurfte es organischen Materials, Drucks und Wärme sowie der Einwirkung mineralischer Katalysatoren. Die neue KDV-Technologie dagegen kann auf Wärmezufuhr verzichten. Ein spezieller Turboreaktor ist Kernstück dieses Verfahrens. Er wird mit dem organischen Ausgangsmaterial gefüllt und spezielle Katalysatoren sowie ein Trägeröl, welches die Viskosität der Masse verringert, werden beigemischt. Dann wird diese Masse in einer mit Schaufeln ausgestatteten Rotationskammer unter hohen Drehzahlen vermischt. Bei diesem mechanischen Prozess entsteht eine Art organischer Schlamm, der sich allein durch die Reibungshitze, die durch die hohen Drehzahlen verursacht wird, bis auf 270 Grad Celsius erhitzt. Dann beginnt der chemische Prozess, in dem der Katalysator beginnt die organischen Moleküle aufzubrechen. Das Ergebnis sind Kohlenwasserstoffe – sogenannte Alkane. Es folgt nun eine Art Reinigungsprozess: Wasser, Trägeröl sowie Katalysator werden abgeschieden; problematischer Schwefel in der Dieselmasse wird durch zuvor beigegebenen Kalk gebunden und ebenfalls abgetrennt. Das Ergebnis dieses physikalisch-chemischen Prozesses ist reiner Diesel sowie Prozessrückstände, eine Art Asche, deren Zusammensetzung stark von dem Ausgangsmaterial abhängt. Auch diese Prozessrückstände können gereinigt und getrennt werden: giftige Schwermetalle, die entsorgt werden müssen; wertvolle Edelmetalle und eine organische Substanz ohne Gifte, die zur Bodenverbesserung genutzt werden kann. So stelle ich mir Nachhaltigkeit vor!

Mit dem so erzeugten Diesel können dann Verbrennungsmotoren betrieben werden oder aber Generatoren, um Strom zu erzeugen. Nach Aussagen von

Koch beträgt der Wirkungsgrad seiner Anlagen über 80 %, was eine gute Wettbewerbsfähigkeit garantiert.

10. Diesel aus Algen

Die Dieselherstellung aus Ölfrüchten ist allgemein bekannt, wenn auch sehr umstritten. Aber es geht auch anders! Das Zauberwort heißt Algen. Diese ein- bis vielzelligen pflanzenartigen Wasserlebewesen kommen in Salz- wie auch in Süßwasser vor. Algen lassen sich sehr einfach kultivieren, was ein breites Nutzungsspektrum eröffnet.

Uns interessieren sie hier aber einzig als Energielieferant. Weltweit gibt es geschätzte 400 000 Algenarten, wovon etwa 80 000 bekannt sind, aber nur ganz wenige erforscht. Nur etwa 160 Arten werden bisher davon wirtschaftlich genutzt. Algen haben viele Bestandteile, die für uns Menschen von Interesse sind: hoher Mineralstoffanteil, viele Spurenelemente, hoher Anteil von Kohlenhydraten und ungesättigten Fettsäuren, Beta-Carotin, Vitamine und vieles mehr. Und wie das so ist, so hat jede Art ihre ganz individuelle Chemie. Es gibt also viel zu tun für die Wissenschaft, bezüglich der „Algenforschung". Für unser Anliegen, Dieselöl aus Algen zu gewinnen, sind insbesondere die Inhaltsstoffe Kohlenhydrate und Fettsäuren von Bedeutung. Da diese von Art zu Art unterschiedlich sind, haben sich zwei Kultivierungs- und Nutzungsarten durchgesetzt. Zum einen die Kultivierung von Makroalgen im Meer (zum Beispiel Braunalgen), die als Aquakultur bezeichnet wird. Hierbei werden nach der Ernte zum Teil die Öle abgepresst und die Kohlenhydrate durch alkoholische Gärung zu Bioethanol umgewandelt. Zum Teil werden sie aber auch zum Biogas Methan vergoren. Einige wenige (bekannte) Algenarten bilden unter bestimmten Bedingungen und Voraussetzungen auch Wasserstoff, der dann als „Biowasserstoff" gewonnen wird.

Die andere Kultivierungs- und Nutzungsart ist die in Algenreaktoren. Fachlich korrekt geschieht diese in Fotobioreaktoren, die aus geschlossenen Glassystemen bestehen. Hierfür können nur freischwimmende Mikroalgen eingesetzt werden. Da aber in diesen Reaktoren sämtliche Wachstumsprozesse gesteuert werden können, ist der Ernteertrag sehr effizient. Er kann gegenüber landwirtschaftlicher Produktion von Biomasse deutlich höher ausfallen. So wird die Produktivität von Mikroalgen gegenüber Raps mit fünfzehnfach besser angegeben, gegenüber Mais wird der Faktor zehn genannt.

Die in diesem Zusammenhang oftmals genannten CO_2-Angaben möchte ich hierbei ignorieren beziehungsweise außen vor lassen. Der politisch-ideologisch, unwissenschaftlich und zum Teil verlogen geführten „CO_2-Treibhauseffekt-Debatte", werde ich mich in einem späteren Kapitel zuwenden.

Die Produktion von Diesel aus Algenreaktoren ist zwar schon recht weit fortgeschritten, befindet sich aber trotzdem noch in der Entwicklungsphase. Da diese Prozesse aber auf eine vollautomatisierte industrielle Produktion hinsteuern, können große Hoffnungen gehegt werden. Insbesondere auch für die Umwelt, denn Aquakulturen, sind für die entsprechend genutzten Meeresregionen biologisch gesehen, für die jeweilige Flora und Fauna nicht ganz unproblematisch.

Vollständigkeitshalber soll abschließend zum Kapitel Dieselkraftstoff auch noch die Möglichkeit der Erzeugung aus Kohle genannt werden. Aber aus einem fossilen Energieträger einen anderen zu produzieren sehe ich als wenig zielführend an.

11. Kraftstoff durch Fotosynthese

Vor etwa 2,5 Milliarden Jahren hat uns die Natur die Fotosynthese beschert. Dieser chemische Prozess bezeichnet die Erzeugung von energiereichen Stoffen aus energieärmeren Stoffen mit Hilfe von Lichtenergie und er wird von Pflanzen, Algen und zahlreichen Bakterien praktiziert. Der Cambridge Chemieprofessor Daniel Nocera hat einen Weg gefunden, gewisse Prozesse dieser komplexen Synthese technisch nachzuvollziehen. Allerdings entsteht bei seinem Prozess kein Zucker, wie in der Natur, sondern Wasserstoff. Wasserstoffgas enthält mehr Energie pro Gewichtseinheit als jeder andere chemische Brennstoff. Wasserstoff als Energieträger verursacht keine schädlichen Emissionen und wird daher als Energieträger der Zukunft gepriesen. Da Wasserstoff im irdischen Bereich nur sehr selten ungebunden vorkommt, muss er für energetische Zwecke industriell hergestellt werden.

Prof. Nocera sagt dazu: „In jeder Stunde trifft mit dem Sonnenlicht mehr Energie auf die Oberfläche der Erde, als wir Menschen in einem Jahr verbrauchen. Wir benötigen also nur einen kleinen Teil davon."

Den technischen Aufwand für eine derartige technische Fotosynthese im energetischen Sektor vermag ich nicht einzuschätzen und selbst der Erfinder tut sich damit wohl noch schwer. Ein entscheidender Vorteil gegenüber den Licht nutzenden Solarzellen würde die künstliche Fotosynthese allemal haben, sie wäre nicht auf Sonnenschein angewiesen um Energie zu produzieren – sie könnte Energieträger auf Vorrat produzieren.

Kein Wunder also, dass Forscher, Wissenschaftler und Techniker weltweit versuchen, den Geheimnissen der Natur auf die Spur zu kommen, um sie für unsere Zivilisation zu nutzen. So viele Forscher es in diesem Feld gibt, so viele verschiedene Ansätze verfolgen sie. Einige davon denken schon an fotosyntetische Anstriche, mit denen Gebäude oder Fahrzeuge versehen werden könnten. Warten wir ab – die Zukunft wird spannend!

12. Die Energie des Windes

Windenergie ist eine himmlische Energie – eine die unbegrenzt zu Verfügung steht, mal mehr und mal weniger. Nach Berechnungen von Forschern der Harvard-Universität ließe sich aus dieser Strömungsenergie mehr Elektronenergie gewinnen, als die Welt derzeit benötigt. Von bis zu 1,3 Millionen Terrawattstunden pro Jahr ist die Rede, das ist eine Zahl, die selbst die aktuelle europäische Finanzkrise zahlenmäßig erblassen lässt. „Allein in Deutschland liegt das Potential bei etwa 290 Terrawattstunden pro Jahr", schätzt Kurt Rohrig vom Fraunhofer Institut für Windenergie und Energiesystemtechnik in Kassel. Das entspricht mehr als der Hälfte des derzeitigen deutschen Strombedarfs. Wir haben in Deutschland bisher zwar etwa 24 000 Rotoren errichtet und installiert, die allerdings nur rund 8 % der Nachfrage decken. Anders herum würden wir also etwa 300 000 Rotoranlagen benötigen um unseren Bedarf an Elektroenergie zu decken. Dies ist aber nur ein reines Rechenexempel, welches in der Praxis nicht aufgeht. Denn Wind steht nicht immer ausreichend zur Verfügung oder es gibt mehr Wind, als Strom nachgefragt wird. Ist kein Wind, wird trotzdem Strom benötigt, der also aus anderen Quellen bereitgestellt werden muss. Diese Konstellation ist durchaus vertretbar. Gibt es aber viel Wind und wenig Nachfrage, was häufig der Fall ist, werden die Rotoren ausgeschaltet, da produzierter Strom mangels Speichermöglichkeiten auch abgenommen werden muss. Diese Konstellation ist energetisch wie auch wirtschaftlich bedenklich. Nicht für die Anlagenbetreiber, die gesetzlich geschützt sind und somit wirtschaftlich immer auf der sicheren Seite, denn sie bekommen Ausgleichszahlungen, wenn sie ihre Rotoren ausschalten. Wenn Sie jetzt fragen, wer das denn bezahlt – wir bezahlen das, alle Stromkunden und alle Steuerzahler.

Dieser Aspekt muss dazu führen, die aktuelle Gesetzeslage zu überdenken und zu ändern. Denn selbst wenn wir 300 000 Rotoren installiert hätten, wäre nach derzeitigem technischem Stand eine Vollversorgung nicht ansatzweise möglich. Was aber soll die Anlagenbetreiber dazu animieren, sich um die Speicherung nicht nachgefragter Energie zu bemühen? Nichts, aber auch rein gar nichts – niemand investiert ohne wirtschaftliche Notwendigkeit oder die Aussicht auf zusätzlichen wirtschaftlichen Gewinn. Was ist also die Alternative? Sicher nicht das Errichten von 300 000 Rotoren herkömmlicher Bauart – denn das könnte Deutschland den Namen Rotorland einbringen. Auch sind die Probleme, die Windanlagen mit sich bringen, noch nicht ansatzweise geklärt: Klimabeeinflussungen durch Änderungen der atmosphärischen Strömungen, Geräuschentwicklungen, Landschaftszergliederungen und „Verschandelungen", gravierende Einflüsse auf die Vogelwelt und vieles mehr. Auch ist mir, trotz aller Bemühungen, keine brauchbare Energiebilanz bekannt geworden. Darunter versstehe ich die Aufschlüsselung der Energie, die zur Herstellung, Errichtung und Inbetriebnahme einer Windkraftanlage eingesetzt wird. Meine Bedenken sind, dass eine solche Anlage lange Zeit laufen muss, um die Energie produziert zu haben, die in sie geflossen ist.

Aber ich möchte hier keinesfalls Schwarzmalerei betreiben, ganz im Gegenteil. Windkraft hat Potential, sie hat Zukunft und sie beflügelt den Forschergeist. Nur, die klugen technischen Köpfe müssen auch die nötige Unterstützung erfahren. Steuergelder in Form von Förderungen gemäß Erneuerbaren-Energien-Gesetz sollten nicht dazu dienen, den Investoren jedes Risiko zu nehmen. Die staatlich verordneten Einspeisevergütungen, auf die ich hier nicht näher eingehen möchte, da sie sich in stetiger Regelmäßigkeit ändern, können und dürfen keine „Dauerstütze" für erneuerbare Energiequellen sein. Zwar sinkt die Vergütung für die Einspeisung nach einem festgelegten Satz jährlich, um über den Kostendruck einen Anreiz für effizientere, kostengünstigere Anlagen zu schaffen. Solange aber bei Nichtabnahme Ausgleichszahlungen erfolgen, ist diese Waffe ein stumpfes Schwert.

Was aber wäre ein scharfes Schwert? Optimal wäre eine kooperative Zusammenarbeit zwischen den verschiedenen Erzeugern auf freiwilliger Basis. Beispielsweise könnte die nicht abnehmbare Elektroenergie aus Windkraft für Pumpspeicherwerke eingesetzt werden, die dann als Puffer bei Bedarf Strom produzieren könnten. Auch auf die Problematik der Stromspeicherung komme ich noch später zurück. Kommt eine solche Kooperation zwischen den unterschiedlichen Stromproduzenten nicht auf freiwilliger Basis zu Stande, so muss der Staat regelnd eingreifen.

Auch müssen neue Windkrafttechnologien mehr staatliche Unterstützung erhalten, denn die Erfahrung zeigt, dass leider oftmals ohne Regulierung ein Fortschritt ausgebremst wird. Die Interessenlagen zwischen den Energiekonzernen und den kleinen Regenerativ-Erzeugern ist halt sehr verschieden. Strom aber ist das Blut unserer Gesellschaft und darf nicht ganz dem Spiel der Kräfte überlassen werden.

Wissenschaftler und Ingenieure haben viele Visionen „das Spiel der Lüfte" für die Menschheit zukünftig besser nutzbar zu machen. Einige davon, die sich bereits im Realisierungsstadium befinden, möchte ich kurz vorstellen:

Der Brite Laurie Chetwood fängt mit einem riesigen Segel den Wind ein, der drei Turbinen antreibt. Der Konstrukteur meint, dass seine Anlage viel effizienter ist als herkömmliche Propellerwindräder. Seine 3,5 Millionen Euro teure fliegende Konstruktion, soll ab dem Jahr 2013 in der Nähe von St. Petersburg installiert werden und jährlich etwa 120 Megawattstunden liefern.

Der amerikanische Ingenieur Doug Selsam gewinnt seinen Strom auch vom Himmel. Auf einer riesigen Luftpeitsche, die von einem Gasballon in der Luft gehalten wird, sind fünfundzwanzig Rotoren angeordnet. Die sind derart gelagert und austariert, dass sich jeder einzelne Rotor der bei ihm herrschenden Luftströmung bestmöglich anpassen kann. Die erste Versuchsanlage erzeugt angeblich 10 bis 15 Kilowatt.

Auch die amerikanische Firma Altaeros Energies versucht ihr Glück mit fliegenden Windkraftanlagen. Sie versucht besonders die stärkeren und konstanteren Winde in großen Höhen zu nutzen. Um in diese effizienteren Höhen aufsteigen zu können, bedienen sich die Konstrukteure eines ringförmigen Spezialgewebekonstrukts, das nach Art eines Ballons mit Helium gefüllt ist. Im Ringinneren ist die Rotorturbine befestigt, die den Strom erzeugt; angeblich doppelt so viel, wie ein vergleichbarer stationärer Rotorturm.

Aber auch die Städte sowie Industrie- und Verkehrsbauten empfehlen sich für Windkraftanlagen mit ausgefeilter Technik. So könnten Brückenkonstruktionen zukünftig standardmäßig mit Windkraftanlagen ausgestattet werden, denn

Brücken überspannen Täler und in denen herrschen ideale Strömungsbedingungen. Aber auch Hochhäuser eignen sich konstruktiv gut, um mit ihnen den Wind einzufangen. Im neuen World Trade Center, in Bahrein, sind die Zwillingstürme elliptisch konstruiert worden, um die Strömungsgeschwindigkeit zwischen den Türmen zu erhöhen. Zwischen den 240 Meter hohen Doppeltürmen sind drei Windkraftanlagen installiert, deren Rotordurchmesser 29 Meter betragen.

Selbst noch ganz andere, futuristisch erscheinende Ideen befinden sich bereits in der Umsetzungsphase. Eine davon ist der Abu Dhabische Strömungswald. Genau 1 203 gigantische, 55 Meter hohe Ruten aus Karbonfasern ragen dort in den Himmel und schaukeln sanft im Wind. Keine gewaltigen Betontürme, keine Rotoren und Turbinen werden dort benötigt, um den Wind einzufangen und in Elektroenergie umzuwandeln. Die in der Strömung schwingenden Ruten sind in ausgeklügelten Halterungen verankert, die mit piezoelektrischen Elementen versehen sind. So wird jede mechanische Schwingung in elektrischen Strom umgewandelt. Die riesigen Peitschen sind an ihren Spitzen mit bunten LED-Lampen bestückt – je kräftiger der Wind sie schwingen lässt, je heller leuchten sie. In diesem futuristischen Wind-Ruten-Wald sind sogar Spaziergänge erlaubt und so ganz nebenbei soll auch Energie für etwa 5 000 Haushalte erzeugt werden.

Andere Forscher, allen voran Japaner, bauen auf Insellösungen. So sind schwimmende Plattformen von gewaltigen Ausmaßen in Planung, auf denen Rotorturbinen installiert werden. Von diesen Windparkinseln verspricht man sich viel: Zum einen können sie den Standort wechseln, zum andern belasten sie in keiner Weise die Unterwasserwelt.

Die von mir hier aufgezeigten technologischen Lösungen zur Gewinnung von Elektronenergie aus der kinetischen Energie des Windes sind nur einige wenige Beispiele von dem breiten Forschungs- und Entwicklungsspektrum weltweit. Eine Einschätzung dieser Technologien möchte ich nicht vornehmen, alle sind noch in der Entwicklungs- und Erprobungsphase. Voraussagen möchte ich aber trotzdem, dass die derzeitige Praxis der stationären Rotoranlagen als Bauwerk, ob zu Lande oder zu Wasser, wohl nicht mehr allzu lange Bestand haben wird; zu schlecht ist ihre Energiebilanz, zu hoch die Errichtungskosten. Abgesehen davon, dass der Widerstand der Menschen wächst, sich ihre Landschaften mit diesen Rotortürmen verschandeln zu lassen.

Besonders liegt mir auch am Herzen, auf die Situation und die Möglichkeiten von Kleinwindenergieanlagen hinzuweisen. Man kann sich des Eindrucks nicht erwehren, dass diese Kleinanlagen, die fast ausschließlich dem autarken Betrieb dienen, vom Staat nicht erwünscht sind. Es gibt kaum Anlagen dieser Art in Deutschland zu kaufen und die Vorschriften zu ihrer Errichtung sind eigentlich keine – es sind Goodwill-Entscheidungen von Amtsträgern in den Bundesländern und Landkreisen. Autarkie ist wohl nicht erwünscht, die macht Bürger zu unabhängig und bringt keine Steuern ein. Die Bundesregierung sollte diesbezüglich schnellstmöglich eine zeitgemäße Regelung erlassen. Meine Recherchen haben ergeben, dass es diesbezüglich in anderen europäischen Ländern allerdings auch nicht besser aussieht. In Schweden gibt es zum Beispiel keine großen Hürden zur Errichtung solcher Kleinwindanlagen. Dafür war es aber bis vor kurzem auch nicht möglich, den überschüssigen Strom ins öffentliche Netz einzuspeisen. Dies ist neuerdings möglich, allerdings ist das Entgelt für den eingespeisten Strom sehr gering und außerdem muss der Kleinproduzent auch noch eine feste Einspeisungsgebühr an die Stromgesellschaft bezahlen. In Schweden ist der wirtschaftliche Aspekt bei Kleinwindanlagen also zu vernachlässigen – Sinn macht nur die Eigenversorgung oder die Einbeziehung von Nachbarn.

Wenn wir von Wind reden, also von Luftströmungen, dann möchte ich Ihnen auch die vielversprechende Technologie der Luftströmungskraftwerke nicht vorenthalten. In der Landschaft gibt es viele Gebiete, an denen starke Aufwinde oder Luftströmungen herrschen. Diese werden schwerpunktmäßig durch klimatische Bedingungen in Zusammenhang mit regionalen Geländestrukturen hervorgerufen. Diese Kraftwerksysteme beruhen auf der Erkenntnis, dass die Anströmgeschwindigkeit des Windes durch besondere aerodynamische Konstruktionen erhöht werden kann. Diese Erkenntnis ist nicht neu, schon ab dem Jahr 1866 gibt es dazu US-Patente. Heute unterscheidet man im Wesentlichen folgende Typen: Luftwirbelkraftwerk, Aufwindkraftwerk (auch Thermikkraftwerk genannt) und Abwindkraftwerk.

Das Luftwirbelkraftwerk befindet sich weltweit noch im Versuchsstadium. Dagegen hat das Aufwindkraftwerk eine erste Bewährungsprobe bestanden, wenn auch mit sehr schlechtem Wirkungsgrad, dafür aber mit hoher Verfügbarkeit und Zuverlässigkeit. Bereits im Jahr 1980 entstand eine 100 Kilowatt Versuchsanlage von 200 Meter Höhe, 10 Meter Durchmesser und einem 45 000 Quadratmeter großen Glasdach im spanischen Manzanares, etwa 150 Kilometer südlich von Madrid, die im Jahr 1982 ihren Betrieb aufnahm. Diese Anlage wurde vom Stuttgarter Prof. Jörg Schlaich konzipiert und von der Bundesrepublik gefördert. Bei einem Orkan im Jahr 1998 stürzte die gesamte, inzwischen vom Rost geschwächte, Konstruktion um und beendete den Testbetrieb. Seit dem letzten Jahrzehnt planen zahlreiche Firmen, Entwickler und Investoren auf allen Kontinenten derartige Kraftwerke. Diese sind allerdings von gigantischen Abmaßen, was Höhe und Durchmesser betrifft, und somit auch mit riesigen Investitionssummen verbunden. Allerdings versprechen diese Kraftwerke, im technologisch ausgereiften Zustand, auch gute Perspektiven – ist doch der Energielieferant regenerativ.

Die Idee des Abwindkraftwerkes ist im Verhältnis zu den vorgenannten noch recht jung. Entstanden ist sie bei der Lockheed Aircraft Corp. und wurde im Jahr 1975 patentiert. Grundsätzlich ist das Prinzip des Abwindkraftwerks einfach: Am Kopf des Turmes versprühen Düsen Meerwasser. Das Wasser verdunstet, wodurch die Luft abkühlt und in einem Schacht hinunterströmt. Bei entsprechend langen Fallrohren entstehen so bis zum Boden Fallwinde, die eine Geschwindigkeit von bis zu 80 Kilometer pro Stunde erreichen und die dort platzierten Turbinen antreiben. Über Versuchsanlagen ist dieses System, meines Wissens nach jedoch noch nicht hinausgekommen.

13. Fossile Energieträger

13.1 Kohle

Wir sollten Mutter Natur dankbar sein, sehr dankbar! Ohne ihr uneigennütziges Tun würden wir Menschen heute nicht das sein, was wir sind. Ohne die Entstehung der fossilen Energieträger hätten wir diese auch nicht für uns entdecken können und wären wohl nie über die feudale Gesellschaft hinausgekommen. Allein mit dem nachwachsenden Rohstoff Holz hätte die Menschheitsgeschichte sicherlich einen anderen Verlauf genommen. Wie sehr wir schon im Mittelalter an den Rand der Verfügbarkeit von Holz gekommen sind, ist heute wissenschaftlich fundiert erwiesen. Und wir haben dieses Holz wurde schwerpunktmäßig nur zum Heizen sowie vor allem für die Verhüttung von Erzen und Rohstoffen, verwendet. Trotzdem waren im Spätmittelalter, wie zu Beginn der Neuzeit, viele Wälder abgeholzt. Was man erfand, um diesem Energieträgerengpass entgegenzuwirken, war die Forstwirtschaft. Man forstete auf, was bedeutete, man ersetzte vorrangig die ursprünglichen alten Laubgehölze wie Buche, Eiche, Esche und Ahorn durch schnellwüchsigere Arten wie Fichte und Kiefer. Der Mensch und die Kultur mussten Schritt halten: Aber wie?

Als der Mensch immer tiefer in die Erde vordrang, um die Bodenschätze nach oben zu befördern, waren die Grenzen des Energieträgers Holz absehbar.

Doch da war Mutter Natur, die Vorsorge getroffen hatte. Vor etwa 250 bis 350 Millionen Jahren, im Karbon und Perm, wuchsen auf sumpfigen Böden in feucht-warmen Klima, riesige Sumpfwälder. Die optimalen Wachstumsbedingungen für die Pflanzen führten zu einer starken Überproduktion von Biomasse, die sich in den Sumpfböden anhäufte. Diese Schichten wurden teilweise in regelmäßigen Abständen durch andere Sedimente, wie Tone und Sand, abgedeckt. Derartige wiederkehrende, zyklische Sedimentationsbedingungen, sind charakteristisch für die Bildung der Steinkohlen im Oberkarbon, und ließen mehrere, übereinander abgelagerte Kohleflöze entstehen. Durch den Druck dieser Sedimentüberdeckung wurden die Sumpfböden komprimiert, entwässert und über Jahrmillionen hinweg entstand daraus, durch den Prozess der Inkohlung, schließlich die Steinkohle. Dabei wurde das organische Ausgangsmaterial unter Luftabschluss sowie unter hohem Druck und hohen Temperaturen verdichtet und umgewandelt, und es entstand ein fester Verbund aus Kohlenstoff, Wasser und unbrennbaren Einschlüssen. Daher zeichnet sich Steinkohle, durch eine schwarze, feste Grundmasse aus, in der häufig Pflanzenfossilien zu finden sind.

Etwa 250 Millionen Jahre später, so etwa vor 50 Millionen Jahren, entstand in unseren Breiten unter ähnlichen Bedingungen und Voraussetzungen die Braunkohle. Nur waren es nicht die gleichen Bedingungen, der Zeitraum war erheblich kleiner und der Druck viel geringer. So konnten die abgelagerten Biomassen nicht die ganzen Inkohlungsprozesse durchlaufen und lagern auch in erheblich geringeren Tiefen. Daher unterscheidet sich Braunkohle von Steinkohle qualitativ auch erheblich, besonders was die Energiebilanz anbetrifft.

Auch das Erdöl, welches nach seiner Entdeckung bald die Kohle in seiner Bedeutung ablöste, ist aus organischen Bestandteilen entstanden, allerdings nicht aus Sumpfwäldern, sondern aus abgestorbenen Meeresorganismen. Wechselnde Sedimentfolgen, Sauerstoffarmut, großer Druck und hohe Temperaturen stellten die Rahmenbedingungen zu seiner Entstehung dar. Ähnlich verhält es sich auch mit Erdgas, daher sind Erdöllagerstätten oftmals gleichzeitig Gaslagerstätten. Da die Entstehungsprozesse sehr ähnlich sind, verfügen Erdöllagerstätten oftmals über eine sogenannte Gaskappe.

Alle unseren fossilen Energieträger sind also unter außergewöhnlichen Bedingungen und über unvorstellbar lange Zeiträume entstanden. Der Mensch mit seinem geweckten Energiehunger und seiner Unfähigkeit zum Maßhalten, hat es geschafft, diese fossilen Energiereserven von Mutter Natur, in nur etwa einhundertfünfzig Jahren zu großen Teilen verbraucht zu haben. Lange Zeit hatte man so getan, als ob die fossilen Energieträger unendlich seien. Ob die Verantwortlichen aus Wirtschaft und Politik sowie aus Wissenschaft und Forschung es früher nicht besser wussten, oder ob sie den Menschen ihr Wissen vorenthielten, vermag ich nicht zu sagen. Erst mit Beginn des Informationszeitalters, mit dem Durchbruch von Computer, Internet und Handy, änderte sich diese Situation maßgeblich. Hatten auch vorher, insbesondere Umweltschutzorganisationen und vereinzelt auch Politiker, auf die Notwenigkeit zum Energiesparen, unter dem Aspekt von Umweltschutz und Schonung der Energieressourcen hingewiesen, so sind diese Aspekte heute jedem bewusst. Jedem wohl auch nicht, denn den Menschen aus sogenannten Schwellen- und Entwicklungsländern dürften diese Aspekte wohl recht egal sein und das ist die überwiegende Mehrzahl aller Menschen.

Eine kleine Vorstellung über die Ressourcen an den Kohlevorräten auf unserer Erde, geben folgende Zahlen:

-Steinkohlenvorräte weltweit in Milliarden Tonnen – zirka 320
-weltweiter jährlicher Verbrauch derzeit in Milliarden Tonnen – zirka 5,5
-Braunkohlevorräte weltweit in Milliarden Tonnen – zirka 300
-weltweiter jährlicher Verbrauch derzeit in Milliarden Tonnen – zirka 1

Ich muss darauf hinweisen, dass die hier genannten Zahlen zum Teil aus den Jahren 2008 bis 2010 stammen. Eines verdeutlichen diese Zahlen aber trotzdem: Die festen fossilen Energieträger Steinkohle und Braunkohle reichen bei derzeitigem jährlichem Verbrauch noch etwa 60 bzw. 300 Jahre. Die Ressourcen an Erdöl aber gehen schon in den nächsten Jahrzehnten zu Ende. Und noch ein Fakt soll hier genannt werden: Deutschland verfügt über die größten Braunkohlevorkommen weltweit; zirka 10 % der Weltressourcen.

13.2 Erdöl

Dieser fossile Energieträger wurde, wie die Kohle, lange verkannt, noch länger sogar. Dann aber, nachdem die Chemie erkannt hatte, was in dieser zähen Erdflüssigkeit steckt, ging alles recht schnell. Anfangs war es noch Glück auf entsprechende Vorkommen zu stoßen, aber schon bald erkannte man die erdgeschichtliche Entstehung dieser flüssigen Kohle. Gefunden wurde Erdöl schon vor einigen tausend Jahren, dank seiner Eigenschaft, dass es eine niedrigere Dichte als Wasser besitzt und deshalb in den Hohlräumen der Schieferton-, Sand- und Karbonat-Sedimente nach oben steigt. Unter günstigen Umständen tritt es dann an der Erdoberfläche zutage.

Bis an die Erdoberfläche hervorquellendes Erdöl, welches durch die Aufnahme von Sauerstoff asphaltartige Stoffe bildete, wurde schon vor 12 000 Jahren im vorderen Orient, vor allem in Mesopotamien, als Bitumen entdeckt. Die Menschen lernten die Eigenschaften dieses Naturprodukts zu nutzen: So erhielt man durch Vermischen von Erdöl mit Sand, Schilf und anderen Materialien ein Produkt zur Abdichtung von Schiffsplanken.

Man nimmt an, dass schon die römische Armee Erdöl als Schmierstoff für Achsen und Räder gebrauchte. Es wurde auch schon früh als Kriegswaffe eingesetzt; so wurden im frühmittelalterlichen Byzantinischen Reich, mit Erdöl betriebene Flammenwerfer hergestellt, das so genannte „griechische Feuer".

Als Startschuss der modernen Erdölindustrie gilt das Patent vom Jahr 1855 auf die Herstellung von Kerosin aus Kohle oder Erdöl, das dem kanadischen Arzt und Geologen Abraham P. Gesner in den USA erteilt wurde. Hintergrund war die Suche nach einer preiswerten Alternative zu Walöl als Brennstoff für Lampen. Kerosin als Leuchtmittel, blieb bis zum Aufstreben der Automobilindustrie in den 1920-er Jahren die wichtigste Verwendung von Erdöl.

Heute ist Erdöl die Grundlage unserer Industriegesellschaft. Erdöl ist der wichtigste Energieträger und Ausgangsstoff für zahlreiche Produkte der chemischen Industrie, wie Düngemittel, Kunststoffe, Lacke und Farben oder auch Medikamente.

Die fortschreitenden Erkenntnisse der Geologie machten es aber dann zum Ende des 19. Jahrhunderts zunehmend möglich, ganz gezielt nach Erdöl zu suchen und zu bohren. Und wie immer, wenn neue Wirtschaftszweige entstehen, rief dies bei Ingenieuren, Erfindern und Wissenschaftlern eine Euphorie herauf, die schnell zu einer Vielzahl von neuen Produkten, Verfahren und Anwendungen führte.

Die Initialzündung, die das Erdöl in den Energieträgerhimmel katapultierte, war die Erfindung des Automobils. Und wieder verschwendete keiner einen Gedanken daran, dass auch Erdöl endlich ist.

-Erdölvorräte weltweit in Milliarden Tonnen – zirka 175
-Weltweiter jährlicher Verbrauch derzeit in Milliarden Tonnen – zirka 3

13.3 Erdgas

Erdgas ist ein brennbares, farb- und meist auch geruchloses Gasgemisch, das eine geringere Dichte als Luft besitzt. Es besteht im Wesentlichen aus Methan, Ethan, Propan, Butan, Ethen, weiterhin Schwefelwasserstoff, Stickstoff sowie Kohlendioxid; oftmals enthält es auch das Edelgas Helium. Die Zusammensetzung von Erdgas ist von Standort zu Standort unterschiedlich. Je nach chemischer Zusammensetzung wird das Erdgas einer Gaswäsche unterzogen und die schädlichen Stoffe werden extrahiert.

Da Erdgas sich nicht nur in seiner chemischen Zusammensetzung, sondern daraus resultierend auch in seinen physikalischen Eigenschaften stark unterscheiden kann, wird es in die zwei Grundtypen L und H unterteilt. Das L-Gas steht dabei für niedrigen Energiegehalt und das H-Gas für einen hohen Energiegehalt. Bei der Verbrennung entstehen als Reaktionsprodukte im Wesentlichen Wasser und Kohlenstoffdioxid. Da Erdgas weitgehend geruchlos ist, wird es aus Sicherheitsgründen mit Duftstoffen versetzt, insbesondere damit unbeabsichtigte Undichtheiten frühzeitig erkannt werden können.

Erdgas hat nicht nur eine sehr alte und lange Entstehungsgeschichte, es kann auch auf eine vergleichsweise sehr alte Anwendungsgeschichte verweisen. Schon vor über 2 000 Jahren nutzten die Chinesen Erdgas zur Salzgewinnung und wohl auch die Römer wussten Erdgas schon zu nutzen. Im Mittelalter und der jungen Neuzeit wunderte man sich immer wieder über brennende Quellen, eine weiter verbreitete Nutzung gab es aber erst mit dem Beginn der Industrialisierung.

Eine größere industrielle Nutzung von Erdgas begann in den USA im Jahr 1825, im Ort Fredonia. Hier legte W. H. Hart einen Schacht zur Erdgasgewinnung für die Beleuchtung einer Mühle und eines Wohnhauses an. Hart nutzte Erdgas auch zur Beleuchtung eines Leuchtturms am Eriesee. Er gründete im Jahr 1858 die erste Erdgasgesellschaft, die Fredonia Gas Light Company. Ab 1883 wurde Erdgas in Pittsburgh und Pennsylvania in der Glas- und Stahlindustrie verwendet. Schwierigkeiten bereitete der Aufbau eines Pipeline-Systems.

Lange Zeit wurde Erdgas als lästiges Nebenprodukt bei der Erdölgewinnung einfach abgefackelt, was auch bis heute noch vorkommt. Allgemein hat man aber den Brennwert, und damit verbunden den hohen Wirkungsgrad von Erdgaskraftwerken, erkannt.

Gegenwärtig ist Erdgas, mit 25 % Anteil bei fossilen Energieträgern, ein sehr wichtiger Energielieferant. Erdgas wird nach Angaben der Internationalen Atomenergiebehörde (IAEA) bis zum Jahr 2080 mit einem über 50 % Anteil zum wichtigsten fossilen Energieträger werden. Heute ist der Erdgaseinsatz für Strom- und Wärmeproduktion weit verbreitet. Seit einigen Jahren kommt das Gas aber auch als Treibstoff für Erdgasfahrzeuge zum Einsatz. Es wird dann in komprimierter flüssiger Form eingesetzt. Der Vorteil von Erdgas gegenüber Benzin und Diesel liegt in seiner saubereren Verbrennung. Deshalb werden diesen Fahrzeugen auch Steuervergünstigungen gewährt. Die Automobilindustrie bietet seit 1995 Serien-Erdgasfahrzeuge an. Leider aber nur in beschränkter Typenauswahl – die hinzukommende dünne Tankstellendichte trägt zusätzlich dazu bei, dass Erdgasfahrzeuge über mehr als ein Nischendasein noch nicht hinausgekommen sind. Ob es sich lohnt weiter in den Fahrzeugsektor zu investieren ist wohl fraglich.

Die nachgewiesenen Welterdgasreserven beliefen sich im Jahr 2004 auf etwa 170 942 Milliarden Kubikmeter. Diese Erdgasreserven sollten nach Hochrechnungen aus dem Jahr 2004 noch knapp 67 Jahre (bis etwa 2070) reichen. Sie sind geschätzt wie folgt verteilt: Naher Osten 72 830 Milliarden Kubikmeter, Europa und GUS-Staaten 64 020 Milliarden Kubikmeter, Asien und Australien 14 210 Milliarden Kubikmeter, Afrika 14 060 Milliarden Kubikmeter, Nordamerika 7 320 Milliarden Kubikmeter und Südamerika 7 100 Milliarden Kubikmeter. Hier offenbart sich ein gravierender Widerspruch zur Aussage der IAEA, dass Erdgas bis zum Jahr 2080 zum wichtigsten fossilen Energieträger werden soll.

Und die Gewinnung nichtkonventioneller Erdgasvorräte steckt technologisch noch in den Kinderschuhen (siehe Fracking); auch die Vorräte lassen sich nur mehr als grob schätzen.

13.4 Torf

Torf ist ebenso ein fossiler Energieträger. Er ist ein organisches Sediment, das in Mooren entsteht. Im getrockneten Zustand ist er brennbar. Er bildet sich aus der Ansammlung nicht oder nur unvollständig zersetzter pflanzlicher Substanz und stellt die erste Stufe der Inkohlung dar. Die Entstehung von Torf geht sehr langsam vor sich. Als Durchschnittswert für die Torfablagerung in einem Moor, ist ein Mittelwert von ein Millimeter pro Jahr anzusetzen. Die Pflanzen, die zur Vermoorung und Vertorfung führen, sind solche, welche in großer Anzahl vorkommen und stark wuchern, besonders aber verfilzte Wurzeln treiben: die Heiden, Sauergräser, Binsen, Schwarz-Erlen, vor allem aber Torfmoose. Wo die Bodenbeschaffenheit eine Ansammlung von stehendem seichtem Wasser in flachen Seen und Senken der Flussauen gestattet, werden diese abgestorbenen Pflanzenreste mit der Zeit verlanden. Unterschieden wird bei diesen Mooren noch zwischen Hoch- und Niedermooren. Für die Nutzung von Torf als fossilen Energieträger, sind allerdings nur die Niedermoore von Bedeutung.

Die Nutzung von Torf als Brennstoff ist schon sehr alt und wurde erstmals von Plinius in der frühen römischen Kaiserzeit für den Bereich der Nordseeküste, überliefert. Über Jahrhunderte wurde Torf als Brennmaterial genutzt, denn dessen Heizwert entspricht dem von Braunkohle. Da Torf aber durch seinen hohen Wassergehalt eine aufwendige technologische Behandlung benötigt, hat er als Brennstoff für Kraftwerke nur in Ländern Bedeutung, die über sehr umfangreiche Moorgebiete verfügen. Weltweit gibt es etwa 271 Millionen Hektar Torfboden. Aber nur in Finnland (7%) und in Irland (5%) spielt der Torfeinsatz zu Energieerzeugung eine nennenswerte Rolle.

14. Fracking

Ich habe im Vorfeld die Materie der Tiefenbohrungen angeschnitten, ohne die eine Nutzung der Geothermie nicht möglich wäre. Darum möchte ich in diesem Kapitel eine fragwürdige Technologie behandeln, die Fracking genannt wird. Eigentlich heißt diese Technologie „Hydraulic Fracturing", was so viel heißt wie hydraulisches Aufbrechen/Aufreißen.

Es ist eine geologische Tiefbohrtechnik, deren Zweck es ist, die fossilen Rohstoffe Erdöl und Erdgas, zu gewinnen. Dazu werden in die Bohrlöcher Flüssigkeiten mit sehr hohem Druck eingepresst, die in der Erdkrustenschicht, in die sie eingepresst werden, Risse erzeugen und diese destabilisieren. Ziel ist es, die Gas- und Flüssigkeitsdurchlässigkeit in den Gesteinsschichten so zu erhöhen, sodass ein wirtschaftlicher Abbau von Bodenschätzen ermöglicht wird. Insbesondere im Bereich der kommerziellen Erdgasgewinnung, hat die Fracking-Technik in den USA seit zirka 1940 Tradition.

Um den beabsichtigten Fracking-Effekt zu erzielen, werden große Mengen von Frackfluiden über die Tiefenbohrung in die zu destabilisierenden Gesteinsschichten gepresst. Dabei muss der Einpressdruck, im zu frackenden Bereich, größer sein als die anliegende Spannung des Gesteins. Nachdem so das Gestein durch feine Risse „aufgesprengt" wurde, wird versucht möglichst viel der eingepressten Fracking-Flüssigkeit zurück zu pumpen. Den Fluiden wird beim Einpressen Sand beigemischt, der in den Gesteinsschichten verbleibt, um die Risse offen zu halten. Um das gelöste Erdgas dann fördern zu können, müssen um die Fracking-Bohrung zahlreiche weitere Tiefenbohrungen gesetzt werden.

Als Fracking-Fluid wird Wasser eingesetzt, dem die verschiedensten chemischen Substanzen, sogenannte Additive, beigemischt werden und diese haben es teilweise in sich: Gelee auf biologischer Basis – zur Viskositätserhöhung; Schäume auf CO_2- oder Stickstoffbasis – zum Sandtransport; verschiedene Säuren – zur Lösung von Mineralen; Korrosionsschutzmittel; Biozide, Reibungsminderer und so weiter. Viele dieser Additive sind nur den Fracking-Unternehmen bekannt, über die von ihnen verursachten Langzeit- und Nebenwirkungen wissen wir fast nichts. Einige dieser Additive sind als toxisch einzuschätzen und die Gefahr, dass sie ins Grundwasser gelangen können, ist erheblich.

Obwohl Fracking in den USA schon seit Jahrzehnten betrieben wird, ist über die Aus- und Nebenwirkungen sehr wenig bekannt oder wird bewusst zurückgehalten. Besonders in der Diskussion stehen: Verunreinigung des Grundwassers, Entsorgung der zurückgepumpten Fluide sowie der Bohrschlämme, verursachte Instabilitäten der Fracking-Schichten und Erdbeben sowie mögliche Vegetations- und Klimaschäden durch unkontrolliert austretende Gase. Ich möchte mich hier nicht an diesen Diskussionen beteiligen – mir, wie auch den allermeisten Diskutanten, fehlen die wissenschaftlichen Fakten.

Dies gilt auch für das in den USA auftretende „entzündliche Wasser". Der im Jahr 2010 von Josh Fox gedrehte und vielfach ausgezeichnete Dokumentarfilm „Gasland" widmet sich ausführlich der Thematik. Seitdem ist in den USA das Thema der möglichen Verunreinigung von Grundwasser durch Methan, in Folge von Hydraulic Fracturing, kontrovers diskutiert worden. Gezeigt wird in dem Film unter anderem, dass die Konzentration des Gases in Wasserleitungen so hoch sein kann, dass sich das Wasser aus dem Wasserhahn mit einem Feuerzeug entzünden lässt. Das ist natürlich chemisch/physikalisch falsch, denn nicht das Wasser lässt sich entzünden, sondern das Gas, das dem Wasser entweicht, sobald es in Verbindung mit dem Sauerstoff der Raumluft tritt. Eine äußerst gefährliche Konstellation, denn zum Entzünden solchen Gas-Luftgemisches bedarf es keines Feuerzeuges, schon ein elektrischer Funke, eine Kerze oder eine Zigarette, können eine Explosion auslösen. Über die Ursachen des Methans im Trinkwasser wird noch heftig gestritten, es scheint aber ein Zusammenhang mit Fracking-Aktivitäten nicht mehr zu leugnen zu sein.

Als Ingenieur und Technologe bin ich gegenüber neuen Technologien sehr aufgeschlossen. Trotzdem muss es für technologische Verfahren, deren Auswirkungen ganze Regionen betreffen können, wissenschaftlich fundierte Regeln geben und die vermisse ich bisher beim Fracking. Es muss daher weiter experimentiert und geforscht werden, es muss sich die nötige Zeit gelassen werden, um Resultate zu erhalten und diese auszuwerten. Und nur wenn sich diese Technologie auch als so sicher erwiesen hat, dass keine nennenswerten „Nebenwirkungen" zu erwarten sind, darf sie auch in besiedelten Regionen angewandt werden.

Leider werden gewisse Fracking-Technologien auch schon in Deutschland, für die Nutzung der Geothermie eingesetzt, allerdings in ganz kleinem Rahmen.

Im Oktober des Jahres 2009 kündigte der damalige Ministerpräsident von Niedersachsen, Christian Wulff an, dass der Konzern Exxon Mobil in Niedersachsen, nach unkonventionellem Erdgas suchen werde. Die Presse berichtete über Millioneninvestitionen, die in diesem Zusammenhang geplant seien. Im Jahr 2010 lösten Initiativen von Politikern und Bürgern sowie Berichte in verschiedenen Medien, eine Debatte über Erdgasbohrungen mit der Methode des Hydraulic Fracturing in Deutschland aus, die bis heute nicht abgeschlossen ist.

15. Die Jagd nach Rohstoffen

Die Jagd und der Besitz von Rohstoffen, ist seit Menschheitsgedenken ein Grund für Kriege. Wer im Besitz begehrter Rohstoffe war, ist schnell zu Macht und Einfluss gekommen. Zuerst, weit hinein in die vorchristliche Zeit, waren es die anorganischen Rohstoffe, die Erze von Gold, Silber, Kupfer, Zinn, Blei und Eisen, die die menschliche Gesellschaft dominierten und über Reichtum und Macht oder Armut und Unterdrückung entschieden. Dies änderte sich auch über das Mittelalter kaum, nur wer insbesondere über metallische Rohstoffe verfügen konnte, war in der Lage, Eroberungskriege zu führen und dadurch seine Macht auszudehnen. Sicher ist diese Aussage recht simpel und nicht nur der Besitz von Metallen führte zu Reichtum und Macht, hatte man aber keine derartigen Rohstoffe war der Machtzugang ganz sicher verbaut. Auch der Harz, als einstmals größtes Bergbaugebiet Europas, entwickelte sich im Mittelalter unter den ottonischen und salischen Königen nur zur Wiege des Heiligen Römischen Reiches Deutscher Nation, weil dort große Rohstofflagerstätten die Machtbasis darstellten.

Später dann, besonders mit dem Einsetzen der Industriellen Revolution im beginnenden 19. Jahrhundert, begannen energetische, also organische Rohstoffe, eine immer größere Rolle zu spielen – man erkannte den energetischen Nutzen von Erdöl und Kohle als fossile Rohstoffe. Verteilungskriege und Kriege um Zugänge zu Rohstofflagerstätten, traten immer mehr in den Vordergrund, auch wenn die Geschichtsschreiber immer andere Kriegsanlässe benannten.

Heute, in unserer demokratisch legitimierten westlichen Welt, werden Kriege so nicht mehr betitelt. Wir führen heute nur noch Kriege für Frieden und Gerechtigkeit, für Demokratie und Gleichberechtigung und all die anderen Phrasen, um vom Kern des Konfliktpotentials abzulenken.

Die Wahrheit sieht anders aus! Alle Kriege in der Zeit nach dem 2. Weltkrieg waren Stellvertreterkriege, Kriege der Gesellschaftssysteme und Religionen, Kriege um Einflussgebiete und damit letztendlich Kriege um Rohstoffe, deren Lagerstätten und Zugänge dazu. Allerdings wird es in unserer modernen Welt, unserer Informationsgesellschaft, zunehmend schwerer derartige kriegerische Auseinandersetzungen der Bevölkerung zu vermitteln. Außerdem liegen die Rohstoffversorgung sowie auch die Energieversorgung, heute fast ausschließlich in den Händen privatwirtschaftlicher Unternehmen. Und besonders rohstofforientierte Unternehmen zählen zu den fünfzig global Umsatzstärksten:

Shell (NL), Exxon Mobil (USA), BP (GB), Sinopec (China), China National Petroleum, Chevron (USA), Conoco Phillips (USA), Total (FR), Gazprom (Russland), Glencore (CH), E.ON (D) und Eni (I) gehören zu den zwanzig Umsatzstärksten weltweit. Eine unvorstellbare Präsenz an Geld und Macht, zwölf der zwanzig umsatzstärksten Unternehmen stammen aus der Rohstoff-Branche. Dazu einige wenige Zahlen aus dem Jahr 2011: Gesamtumsatz – 3 416 Milliarden USD (Deutschland hatte im Jahr 2010: 3 537 Milliarden USD Bruttoinlandsprodukt); Gesamtbeschäftigungszahl etwa 3 762 Millionen; Gesamtgewinn zirka 230 Milliarden USD.

Diese und zahlreiche andere Rohstoff-Konzerne sind weltweit tätig und sie sind weltweit auf der Suche nach Bodenschätzen. Denn zukünftig werden die Abbaurechte für Rohstoffe mehr denn je darüber entscheiden, welche Konzerne Globalplayer bleiben und welche in der Bedeutungslosigkeit versinken. Das trifft analog auch auf alle Nationalstaaten zu, wer keine Rohstoffe sein eigen nennen kann, wird in Abhängigkeit geraten und eine Abkehr vom Nationalstaatsgedanken ist nicht in Sicht. Da sind auch Demokratien keine Lösung, wie wir jüngst in der Euroschuldenkrise erleben können. Nationalismus ist geschichtlich tief in allen Nationalstaaten verwurzelt und lässt sich nicht einfach durch Parlamentsbeschlüsse abschütteln wie lästiger Staub. Er sitzt in den Köpfen jedes einzelnen und dafür haben auch die demokratisch legitimierten Volksvertreter und Regierungen kein Rezept, zumal ihr Agieren nur bis zur nächsten Wahl ausgelegt ist. Besser sah es auch mit diktatorischen Herrschaftssystemen diesbezüglich nicht aus, wie uns die Geschichte lehrt. Alle großen Reiche, mit unterschiedlichen Kulturen, konnten nur mit militärischer Präsenz zusammengehalten werden und zerfielen letztendlich doch am kulturellen Unterschied. Den zu überwinden, beziehungsweise die undogmatische Akzeptanz kultureller Unterschiede, kann nur in den Köpfen der Menschen stattfinden – im Interesse von Freiheit und sozialer Gerechtigkeit, in allen Teilen dieser Welt. Eine Gleichmacherei, wie sie viele linksorientierte Politiker gern propagieren, wird es dabei wohl nie geben. Aber Freiheit und soziale Gerechtigkeit können auch nicht auf Gleichmacherei gegründet werden. Bei allen höheren Lebewesen gibt es soziale Hierarchien und allein die begründen schon soziale Unterschiede. Der Mensch ist zudem ein denkendes Individuum und somit immer auf der Suche nach Lösungen zum persönlichen Vorteil. Wenn wir aber dauerhaft in Frieden leben wollen, müssen Alle Kompromisse eingehen – Kompromisse zum gegenseitigen Vorteil. Und künftig wird der Verteilungskampf um Rohstoffe und um Trinkwasser über Krieg oder Frieden entscheiden.

Heute herrscht ein unbarmherziger Konkurrenzkampf um Bodenschätze und Rohstoffe, der mit fast allen Mitteln geführt wird. Die großen weltweit aktiven Rohstoffkonzerne, aber auch alle anderen Weltkonzerne, haben zur unerbittlichen Jagd nach Rohstoffen angesetzt. Dabei gelten kaum Regeln, von Transparenz ganz zu schweigen – werden sie doch von ihren Heimatregierungen gedeckt und unterstützt.

In den Medien sieht, hört und liest man tagtäglich von dem unermesslichen Reichtum, von Despoten in den Entwicklungs- und Schwellenländern. Und man stellt sich die Frage, wie diese Leute, die Länder mit armen Volkswirtschaften regieren, zu solchen Reichtümern kommen können. Diese Frage ist einfach zu beantworten. Diese Staaten kassieren jährlich etwa sechs Mal so viel für die Rohstoffabbaurechte als sie an Entwicklungshilfe bekommen. Teilweise erhalten sie für diese Abbaurechte mehr, als ihr gesamtes Bruttoinlandprodukt ausmacht. Doch diese Unsummen, Milliarden über Milliarden an Euro und USD, kommen kaum der jeweiligen Landesbevölkerung zu Gute, sie verschwinden in den Taschen korrupter Beamter und raffsüchtiger Regierungen. Transparenz – Fehlanzeige! Ergebnis – die Reichen werden immer reicher und die Armen immer ärmer!

Es gibt Sachverhalte, die im Sinne des zukünftigen Weltfriedens international geregelt werden müssen. Dazu gehören Rohstoff- und Trinkwasserressourcen sowie Umwelt- und Klimaschutz.

Nur wenn die Rohstoffressourcen künftig gerecht und auch transparent verteilt werden, ist auch ein gewisses Maß an Freiheit und sozialer Gerechtigkeit herzustellen, die allen Menschen Chancen eröffnen kann. Die USA, die ja eigentlich nicht für Reglementierungen bekannt sind und ihre Eigeninteressen mit allen Mitteln durchzusetzten versuchen, gehen hier mit gutem Beispiel voran. Sie fordern ein System der Offenheit bei der Sicherung von Abbaurechten, das entscheidend dazu beitragen soll, Armut und auch Korruption zu bekämpfen. Natürlich ist dies von den Amerikanern kein Samariterdienst, sie haben nur als erste die diesbezügliche Brisanz für den Weltfrieden der Zukunft erkannt. Außerdem werden sie wohl erkannt haben, dass mit Stellvertreterkriegen zum einen keine Siege zu erringen sind und zum anderen sie ohne international verbindliche Regelungen keinen Einfluss in der Sache ausüben können. Daher wurde in den USA ein Gesetz erarbeitet, das die in den USA börsennotierten Unternehmen zu Transparenz zwingen soll. So will man die Geldflüsse verfolgen und entsprechend reagieren können. Diese lobenswerte und nötige Gesetzesinitiative macht aber nur Sinn, wenn sie zu internationalem Recht wird.

Leider soll Europa an diesem amerikanischen Gesetzesvorschlag anscheinend wenig Interesse haben und verweist auf eventuelle Wettbewerbsnachteile, falls das Gesetz in den USA nicht verabschiedet wird. So spielt man heute „Schwarzer Peter" und schiebt die Verantwortung immer auf andere, um damit den eigenen Reformunwillen zu kaschieren. Hoffen wir auf eine baldige einvernehmliche internationale Lösung zum Nutzen aller Menschen auf unserem Planeten und damit zur zukünftigen Sicherung des Weltfriedens.

16. Solarenergie – die Energie unserer Sonne

Betrachten wir zuerst diesen Energielieferanten, den wir Sonne nennen, astronomisch: Sie ist ein gewöhnlicher, mittelgroßer Stern, eine selbstständig leuchtende Gaskugel im Weltall, nur eine unter vielen mit völlig durchschnittlichen Eigenschaften. Aber sie ist auch der Stern, der unserer Erde am nächsten steht und zwar in rund 150 Millionen Kilometer Entfernung und sie ist auch der Stern, um den unser Planet und die anderen Planeten unseres Sternensystems (Sonnensystems) rotieren. Zum Vergleich betrachten wir noch kurz den übernächsten Stern, das ist der Proxima Centauri und der liegt 4,3 Lichtjahre entfernt. Das ist von der Erde etwa 60 000 Mal so weit, wie bis zur Sonne. Die Sonne übertrifft 700-fach die Masse aller Planeten unseres Sonnensystems und 330 000-fach die unseres Heimatplaneten, der im Durchmesser 109 Mal hineinpasst. Wahrhaft gigantische Dimensionen!

Und die werden auch nicht geringer, wenn wir die Sonne physikalisch und chemisch betrachten. In unserem Sonnensystem dominiert also dieser heiße Gasball, mit dichtem Kern, mit seiner Schwerkraft und hält damit die Planeten in ihrer Bahn. Man kann die Sonne durchaus als langsam brennende „Wasserstoffbombe" ansehen, die ungeheure Ausmaße hat. Durch thermonukleare Reaktionen werden in jeder Sekunde Millionen Tonnen Wasserstoff in Helium umgewandelt und dabei ungeheure Energiemengen freigesetzt, die unsere Sonnenstrahlung speisen. Auf der Erde entwickelt sich seit Jahrmilliarden unter dieser Sonnenstrahlung das Leben. Pro Sekunde strahlt unsere Sonne mehr Energie ab, als die Menschheit seit Beginn ihrer Zivilisation verbraucht hat.

Die Sonne ist somit für uns Menschen eine unerschöpfliche Energiequelle, obwohl die Erde nur in einem sehr schmalen Raumwinkel von der Sonnenstrahlung getroffen wird. Diese uns treffende Energiemenge ist gigantisch.

Ich könnte nun Zahlen nennen, die für den Leser, außer er ist Fachmann, wenig aussagen. Aber die Energiemenge ist so groß, dass sie mehr als dem 10 000 fachen Weltenergiebedarf der Menschheit des Jahres 2010 entspricht. Kein Wunder also, dass diese riesige Energiequelle schon von den Menschen in der Antike erkannt wurde. Über die Jahrhunderte und Jahrtausende machten sich die Menschen die Licht- und Wärmestrahlung der Sonne in unzähligen Varianten zu Nutze. Aber erst mit der Entdeckung des elektrischen Stromes und seiner Nutzbarmachung in Industrie und Gesellschaft bekam die Solarenergie einen neuen Fokus. Die Wissenschaft erkannte sehr bald die Endlichkeit der fossilen Energiequellen und begann sich Ende des 19. Jahrhunderts intensiv mit der Sonnenenergie zu beschäftigen. Eine bemerkenswerte Erkenntnis ist in diesem Zusammenhang vom Naturwissenschaftler Oscar Kausch, aus dem Jahr 1919, überliefert: „Die Erkenntnisse des Einflusses der Sonne auf alle Bewegungen und alles Leben, der unsere Erde bewohnenden Wesen, führte endlich auch zu dem Problem, die von der Sonne der Erde durch Strahlung zugeführte Energie unmittelbar zur Krafterzeugung heranzuziehen. Eine befriedigende Lösung dieses wichtigen Problems wäre, wie des näheren nicht begründet zu werden braucht, von ungeheurer Wichtigkeit für unsere gesamte Tätigkeit, letzten Endes für unser aller Leben."

Wenn man nun die technologische Entwicklung in den letzten einhundert Jahren im Bereich der Solarenergietechnik im Vergleich zur Entwicklung auf anderen technologischen Gebieten betrachtet, so hat sich überraschend wenig getan. Da drängt sich die Frage des „Warum?" auf und die ist eigentlich ganz einfach zu beantworten. Die Industrielle Revolution, die zu Beginn des 19. Jahrhunderts einzusetzen begann, hatte ihre Ursprünge in der Schwerindustrie. Schnell erkannten die Unternehmer dieser Epoche die Vorteile einer Konzernbildung. Es hatte enorme Vorteile, auf alle benötigten und perspektivisch denkbaren betrieblichen Infrastrukturen, die für das Kerngeschäft benötigt wurden, direkten Zugriff zu haben. So investierten die Väter der Industriellen Revolution auch in Rohstoffe – in fossile Energieträger. Und natürlich wollten sie aus ihren Investitionen maximalen Profit erwirtschaften – ein Gesetz des Kapitalismus. So lange also noch genügend fossile Energieträger zur Verfügung standen und stehen, haben diese Konzerne wenig Interesse in erneuerbare Energien zu investieren. Diese Sichtweise der Konzerne, mit ihren nationalen und internationalen Verflechtungen, hat sich bis heute wenig geändert. Oder kennen sie ein Solartechnologieunternehmen, das Bestandteil eines Konzerns der sogenannten Old Ökonomie ist? Auf diese Sichtweise werden wir im Folgenden noch häufiger stoßen. Leider ist sie zutiefst menschlich, denn wer sägt schon an dem Ast, auf dem er sitzt.

16.1 Solarkollektoren

Solarkollektoren, auch Sonnenkollektoren genannt, sind Vorrichtungen, die die Sonnenenergie einfangen, um damit vorrangig thermische Prozesse zu realisieren. Das Prinzip dieser thermischen Sonnenkollektoren ist recht unkompliziert. Zentraler Bestandteil des Kollektors ist der Solarabsorber, welcher die Lichtenergie der Sonne in Wärme umwandelt und diese an einen ihn durchfließenden Wärmeträger abgibt. Der Absorber ist in diesem Fall ein „Aufsauger" von Wärme, die er an das ihn durchfließende Medium, in der Regel Wasser, abgibt. Auch ein gängiger Prozess ist die Abgabe der gewonnen Wärmeenergie an einen Wärmetauscher, zur Durchführung von Kühlprozessen. Auf dem Markt gibt es eine Vielzahl von Absorber-Typen und -Technologien. Die Sonnenkollektoren-Technologie ist eine sehr umweltfreundliche und sie weist auch einen sehr guten Wirkungsgrad auf – typischerweise zwischen 60 und 80 %. Leider ist sie in der Modernisierung von Gebäuden oftmals nur mit sehr hohem Kostenaufwand zu installieren; selbst bei Neubauten ist sie noch recht kostenaufwendig. Der wohl größte Nachteil dieser Technologie liegt aber in seiner Verfügbarkeit. Bei geeigneter Auslegung von Kollektorfläche und Speichervolumen, reicht sie in Mitteleuropa während des gesamten Sommerhalbjahres zum Waschen und Baden. Theoretisch kann die Solarwärme auch das ganze Jahr über den Bedarf eines Haushalts decken, allerdings wird dann die Anlage sehr viel größer. Sie liefert dann im Sommer sehr viel mehr Wärme, als genutzt werden kann, was den Wirkungsgrad erheblich verschlechtert. Die nicht unerheblichen Investitionskosten für diese Überdimensionierung werden selten durch das eingesparte Gas, Öl oder Strom kompensiert. Wirtschaftlich ausgelegte Anlagen können allerdings im Winterhalbjahr die zusätzliche konventionelle Wärmequelle ergänzen (vorausgesetzt, dass die Anlage nicht zugeschneit ist!). Der Anteil einer solchen Anlage an der Warmwasserbereitstellung liegt über das Jahr gesehen zwischen 50 und 60 %, was zirka 14 % des Heizenergiebedarfs entspricht. Umweltschutz und Ressourcenschonung sind sicherlich heute im Bewusstsein vieler Bürger verankert, sie müssen aber auch bezahlbar sein.

Was kann also getan werden? Industrie und Handwerk können nicht beliebig ihre Preise senken, sie müssen wirtschaftlich arbeiten. Subventionen aus Steuergeldern kommen für mich auch nicht in Frage. Aber ein kleiner Beitrag wäre die Befreiung von der Umsatzsteuer für derartige Anlagen, immerhin derzeit 19% der Rechnungssumme. Und es müssen bezahlbare Systeme entwickelt werden, die ungenutzte Energie speichern, um im Bedarfsfall darauf zurückgreifen zu können.

16.2 Solararchitektur

Bauen ist Kultur, damit auch Geschmackssache und eine Frage des Zeitgeistes. Daher sagen wir auch nicht Solararchitekturhaus, sondern Energiesparhaus. Die Zielstellung dieser modernen Bauweise sind Häuser, die sehr wenig Energie aus fossilen Energieträgern benötigen und trotzdem ein Wohlfühlklima gewährleisten. Wesentliche Faktoren dieser Bauweise sind zum einen sehr gute Dämmung, so dass kaum Wärme entweichen kann, sowie die Nutzung der Sonnenenergie. Dabei orientiert sich der Baukörper beispielsweise in seiner Ausrichtung nach der Sonne. Es gibt sogar schon Häuser, die auf einer rotierenden Plattform stehen, die der Sonne folgt. Spezielle Haustechnik steuert viele Prozesse im Haus, damit sich das Gebäude beispielsweise bei intensiver Sonnenstrahlung nicht zu sehr aufheizt. Wärmespeicher, Wärmeüberträger- und Lüftungsanlagen gehören auch zum üblichen Equipment. Es gibt verschiedene Standards: Niedrigenergiehaus, Passivhaus, Nullenergiehaus oder Plusenergiehaus. Diese einzelnen Standards hier zu erläutern, würde diesen Rahmen sprengen – es ist Stoff für ein eigenes Buch.

Wo es Vorteile gibt – Umweltfreundlichkeit und Energiekosteneinsparung – gibt es aber wie üblich auch Nachteile, denn wie sagt der Volksmund: „Irgendwas ist immer". Diese Energiesparhäuser sind gegenüber den konventionellen Bauten sehr teuer – Technik will bezahlt sein. Da es solche Häuser erst seit etwa 1990 gibt, kann ein Amortisationszeitraum noch nicht sicher berechnet werden. Die Technik ist nicht frei von Kinderkrankheiten, die erhebliche Kosten verursachen können. Auch wird bei dieser Bauart technologisch sehr viel Glas verbaut, was nicht jedermanns Sache ist. Letztendlich passen diese Häuser auch nicht in jedes Stadtbild und auch die Bauausrichtung ist gemäß Bebauungsplänen oft nicht möglich.

Diese kleinen Makel werden aber den Siegeszug dieser Bauart nicht aufhalten können. Worauf aber unbedingt geachtet werden muss, ist nachhaltiges Bauen. Das bedeutet, es müssen Baustoffe Verwendung finden, die eine lange Lebensdauer aufweisen und die recyclingfähig sind, beziehungsweise keinen Sondermüll verursachen. Sonst kann die gutgemeinte, moderne Architektur schnell zum Rohrkrepierer werden – siehe Wärmedämmverbundsysteme – , denn Energiesparen kann nicht mit der Produktion von Sondermüll für folgende Generationen einhergehen.

16.3 Fotovoltaik – die gepriesene Technologie

Unter Fotovoltaik versteht man die direkte Umwandlung von Lichtenergie, meist aus Sonnenlicht, in elektrische Energie mittels fotovoltaischer Zellen. Dieses Prinzip beruht auf den physikalischen Grundlagen des lichtelektrischen Effekts. Dieser Effekt wird hervorgerufen durch das Herauslösen von Elektronen aus einer Halbleiter- oder Metalloberfläche durch Lichtstrahlung, wodurch eine elektrische Spannung erzeugt wird. Erstmals wurde diese Technologie im Jahr 1958 in der Raumfahrt genutzt, hat sich inzwischen eine breite Anwendungsbasis geschaffen und hat als Teilbereich der Solartechnik wohl mittlerweile die Führungsposition übernommen. Die Wandlung von Lichtenergie, vorrangig Sonnenlicht, findet mit Hilfe der sogenannten Solarzellen statt, die zur Stromerzeugung zu Modulen verbunden werden. Die in diesen Fotovoltaik-Anlagen erzeugte Elektronenergie kann dann direkt genutzt, in Akkumulatoren gespeichert oder aber ins öffentliche Stromnetz eingespeist werden. Allerdings ist die erzeugte Spannung der Fotovoltaik-Anlagen Gleichspannung und muss vor seiner Einspeisung ins Stromnetz mittels Wechselrichter in Wechselspannung umgewandelt werden.

Soweit, so gut – zum technischen Hintergrund! Die Fotovoltaik-Technologie ist eine tolle zukunftsweisende Energieerzeugungstechnologie. Und unsere Sonne liefert kostenlos das benötigte Licht. Soviel, dass damit theoretisch der gesamte Energiebedarf unseres Planeten heute, und wohl auch noch in weiter Zukunft, abgedeckt werden könnte. Fachleute haben ausgerechnet, dass die Sonnenenergie in etwa dem 15 000-fachen des gesamten Weltenergiebedarfs der Menschheit im Jahr 2006 ($1,0 \times 10^{14}$ Kilowattstunden pro Jahr) oder dem etwa 10 000-fachen des Primärenergieverbrauchs der Menschheit im Jahr 2010 ($1,4 \times 10^{14}$ Kilowattstunden pro Jahr) entspricht. Außerdem ist Sonnenenergie kostenlos, die Energieerzeugung erfolgt fast ohne Nebenprodukte und Nebenwirkungen, die Herstellung der Fotovoltaik-Anlagen sowie der infrastrukturellen Voraussetzungen einmal ausgenommen.

Also eine wirklich tolle und zukunftsweisende, vor allem unerschöpfliche, Quelle für den Energiehunger unserer Erde. Aber wo Licht ist, ist auch Schatten: Diese Volksweisheit trifft auch hier zu.

Erstens: Die Einstrahlungsdichte ist nicht überall auf unserem Planeten gleich: Chile, Australien, Kalifornien und Indien sind dabei zum Beispiel ganz weit vorn. Aber schauen wir uns mal Europa genauer an! Pauschal kann man einschätzen, dass unterhalb eines gedachten Breitengrades von 50 Grad, also etwa einer gedachten Linie von der mittelfranzösischen Atlantikküste, über die Hochlagen der Alpen, über Bukarest, bis zum Schwarzen Meer, eine Einstrahlungsdichte zu verzeichnen ist, die effiziente Energieertragswerte erwarten lässt. Im Umkehrschluss würde dies heißen, Deutschland liegt einiges über diesem virtuellen Breitengrad und ist somit kein „Fotovoltaik-Land". Diese Einschätzung wäre aber wohl, zumindest perspektivisch, zu kurz gegriffen. Denn in unseren nördlichen Breitengraden ist die Einstrahlungsdichte im Wesentlichen von den ausgeprägten Jahreszeiten abhängig. Es gibt also durchaus Zeiten, in denen die Sonneneinstrahlung so stark ist, dass mehr Elektroenergie erzeugt werden könnte, als verbraucht werden kann.

Die Schlussfolgerung daraus kann nur lauten: Es müssen schnellstmöglich Technologien zur effizienten Speicherung von Elektroenergie entwickelt werden. Theoretisch könnten Länder der südlichen Hemisphäre mittels Fotovoltaik genug Strom erzeugen, um die weniger begünstigten Länder im Norden mit zu versorgen. Aber wären da nicht wirtschaftliche und politische Unwägbarkeiten, die zu nicht akzeptablen Abhängigkeiten führen würden? So lange wir also auf der Erde und auch in Europa unabhängige Länderstrukturen haben, ist es unabdingbar, derartige Abhängigkeiten nicht einzugehen. Zu Möglichkeiten und Ausblicken der Elektroenergiespeicherung komme ich aber in einem späteren Abschnitt.

Zweitens: Die Kosten für Fotovoltaik-Anlagen und deren Installation sind entsprechend des Nutzungspotentials in Deutschland noch zu hoch. Ob die Kosten zur Herstellung von Fotovoltaik-Anlagen wirklich so hoch sind wie sie sind, ist anzuzweifeln – Fakten dazu sind aber kaum zu erhalten. Umfangreiche Recherchen meinerseits haben aber gezeigt, dass vergleichbare Anlagen in den verschiedensten Ländern sehr unterschiedliche Preisstrukturen aufweisen. Doch das kennen wir ja schon von den Automobilen. In Deutschland sind Fotovoltaik-Anlagen, im internationalen Maßstab betrachtet, besonders teuer. Das kennen wir von den Automobilen, allerdings sind die in Skandinavien noch teurer. Auch ist Autokauf Emotionskauf, Prestigeangelegenheit und Imagepflege – Marken bestimmen den Preis. Bei festinstallierten technischen Produkten, die ausschließlich auf Funktionalität und Effizienz ausgerichtet sind, kann die Markenphilosophie dagegen kaum greifen. Wie kommen dann aber die hohen Preise zu Stande, die die Gewinne der Hersteller nur so sprudeln lassen. Könnte ein Grund dafür die Subventionspolitik sein sowie die ausgeprägte Staatsgläubigkeit?

Sicher werden jetzt der eine oder andere Leser an die zurückliegenden Insolvenzen führender deutscher Solarunternehmen denken und meine prognostizierten großen Unternehmensgewinne anzweifeln. Aber dies ist ein anderes Thema: Es ist dem heutigen Größenwahn vieler Unternehmer und Manager zuzuschreiben. Mit allen Mitteln und unkalkulierbaren Risiken, soll durch pure Größe eine Weltmarktführerschaft erzwungen werden, anstatt mit technischem Knowhow und Spezialisierung zu punkten. Masse soll es richten nicht Technologieführerschaft. Besonders im Hochtechnologiebereich ist es aber erwiesenermaßen günstiger, ein gewisses Nischendasein beizubehalten, dies aber mit aller Kompetenz.

Aber zurück zu den Subventionen. Die müssen wohl leider sein, um neue Technologien, die gesellschaftlich relevant sind, zu fördern und am Markt einzuführen sowie zu etablieren. Der Zeitraum solcher Subventionen, unserer Steuergelder, muss aber in überschaubaren Grenzen gehalten werden. Es kann nicht auf Dauer staatlich festgelegte Entgelte für erneuerbare Energien geben, die keiner nachfragt. Nur damit es der „Erneuerbare-Energien-Industrie" gut geht und die Investoren sich sicher wie in Abrahams Schoss fühlen können, ist diese Strategie dem Steuerzahler sicher nicht auf Dauer vermittelbar. Unternehmertum fordert nun mal Risiko, Strategien, Ideen – es fordert Unternehmergeist. Wie aber soll der erblühen, wenn staatlicherseits alle Preise reguliert sind?

Das Rheinisch-Westfälische Institut für Wirtschaftsforschung hat berechnet, dass wir im Jahr 2012 für alle Solarförderungen zusammen die 100 Milliarden Euro Grenze in Deutschland überschritten haben. Ein Solar-Wahn, den wir alle auch mit dem erhobenen Ökostromaufschlag in unserer Stromrechnung bezahlen müssen. Dies wird dazu führen, dass die Strompreise immer weiter steigen werden. Denn die derzeit immer noch eingegangenen Förderverträge begründen einen Anspruch auf zwanzig Jahre.

Drittens: Der Umweltaspekt wird gern verschwiegen oder einfach ignoriert, besonders von der Politik. Ohne Zweifel sind Fotovoltaik-Zellen, ist die Nutzung von Sonnenlicht, eine Zukunftsinvestition in unser Klima. Die CO_2-Bilanz wird erwiesenermaßen verbessert – was wollen wir mehr! Aber die Solarzellen haben keine unbegrenzte Lebensdauer, genaugenommen kennt bisher keiner ihre Lebensdauer wirklich. Von etwa fünfundzwanzig Jahren wird geredet, aber die Belege dafür stehen aus, denn Alterungsprozesse jeder Art kann man nicht wirklich verlässlich simulieren. Aber was wird dann aus diesen Produkten der Hochtechnologie? Die ersten Anlagengenerationen, die Anfang der 1990-

er Jahre gebaut und installiert wurden, sind bald verschlissen und müssen ersetzt werden. In diesen Solarmodulen aber sind Schwermetalle enthalten, weiterhin giftige Substanzen wie Fluorpolymere und Cadmium. Kommen diese Stoffe auf die Müllhalde, kann diese schnell zur Sondermülldeponie werden. Auch ist nicht auszuschließen, dass diese giftigen Stoffe in die Umwelt gelangen. Gut, heute sind diese Giftstoffe ersetzt beziehungsweise gelangen nicht mehr in die Produktionsprozesse, dafür aber andere.

Geschätzte eine Million Module pro Jahr, mit stark steigender Tendenz, müssen entsorgt werden. Dazu kommen die fehlerhaften Module und das sind nicht wenige. Vor allem sind es nicht nur giftige Stoffe, sondern Stoffe wie Metalle, Glas und Plaste, die einer Wiederverwendung zugeführt werden können – werden müssen. Zur Unterstützung dieser Aufgabe wurde im Jahr 2007, mit Sitz in Brüssel, der Verband PV Cycle gegründet. PV Cycle ist eine Non-Profit Organisation der Fotovoltaik-Industrie und verfolgt das Ziel, in Europa ein freiwilliges, branchenweites Rücknahme- und Recycling-Programm für Altmodule zu schaffen. Der Verbund hat sich dazu verpflichtet, mindestens 65 % der seit 1990 in Europa produzierten und installierten fotovoltaischen Module einzusammeln und 85 % des Mülls zu recyceln. Hehre Ziele, die sich die europäische Fotovoltaik-Industrie da gestellt hat, aber freiwillige. Und was wird aus den asiatischen Modulen? Die Fotovoltaik-Industrie scheint in Europa den Bach runter zu gehen, so wie einst die Computerindustrie, die Textilindustrie und vieles mehr. Fühlen sich diese asiatischen Hersteller auch dem Recycling verpflichtet und vor allem, wenn ja, werden es Besitzer solcher Anlagen beziehungsweise die Installateure auf sich nehmen, große Strecken zurückzulegen, um die Altanlagen fachgerecht zu entsorgen? Fragen über Fragen, aber wenige Antworten. Viele der vollmundigen und sicher auch ernstgemeinten Verkündigungen haben sich inzwischen wohl erledigt: Sovello, Q-Cells, Solon, Solar Millennium und Solarhybrid sind insolvent. Natürlich sind die modernen Module mit erheblich weniger giftigen Stoffen belastet, die Lebensdauer solcher Anlagen steigt und sie werden technologisch reparatur- und recyclingfreundlicher konstruiert und hergestellt. Wollen wir allerdings die Energiewende einleiten, werden Unmengen an verschlissenen Anlagen anfallen und die müssen recycelt werden, um den ökologischen Fußabdruck dieser Produkte zu verkleinern.

Viertens: Fotovoltaik-Anlagen sind brandgefährlich! Feuerwehrleute haben bei Brandeinsätzen vieles zu beachten, neuerdings kommt noch ein weiteres Problem hinzu – ein wahrlich brennendes. Eigentlich ist es nicht nur ein Problem, es ist eine ganze Anzahl davon und alle haben eine Ursache: Dächer, die flächendeckend mit Solarpanelen besetzt sind. Diese können vom Dach rutschen und die Feuerwehrleute treffen und sie verhindern auch, das Dach zu öffnen, um einen Brand direkt zu bekämpfen. Als wenn das nicht schon genug wäre – diese Stromerzeugungsanlagen lassen sich so einfach nicht abschalten, zumindest nicht von außen. Somit steht das gesamte Gebäude, vom Dach bis zum Keller unter Strom, und dann sollte kein Löschwasser eingesetzt werden. Ein Feuerwehrchef sagte mir: „Dann wird es echt schwierig und unsere Möglichkeiten sind stark eingeschränkt. Mitunter können wir dem Feuer nur Gesellschaft leisten."

Aber der Feuerwehr machen nicht nur solarbestückten Immobilien Sorge, auch bei Verkehrsunfällen mit Elektroautos bekommen sie zunehmend Probleme, wie der ADAC berichtet. So können derartige demolierte Öko-Fahrzeuge komplett unter Strom stehen und die eingesetzte Hochvolttechnik macht dann das Gefährt für die Insassen zur Falle und für die Retter zur unberechenbaren Gefahrenquelle.

Warum aber, in Gottes Namen, kümmert sich von Seiten des Gesetzgebers keiner um all diese Probleme, wo wir doch sonst so vorsorglich und gefahrenbewusst sind? Bei Techniken und Technologien die zukünftig schwerpunktmäßig unser Leben prägen sollen, geht es sicher nicht ohne feste Regeln. Stellt sich die Frage nach dem „Warum"? Die Klimaziele und die Energiewende sind auf Fotovoltaik, Windenergie und nachwachsende Rohstoffe fundamentiert. Diese hehren Ziele fest im Blick, werden alle negativen Nebenwirkungen auf irrationale Weise einfach ausgeblendet. Alles nach der „Vogel-Strauß-Methode": Kopf in den Sand und abwarten.

Aber wollen wir die Perspektiven der Fotovoltaik-Zellen nicht schlecht reden. Außerdem wird diese Energiequelle zukünftig genutzt werden müssen, ob wir wollen oder nicht. Und auch die Forschung gibt ihr Bestes, um neue Techniken und Technologien für dieses Umfeld zu entwickeln. So scheint eine mögliche künftige Problemlösung der Einsatz organischer Solarzellen, die auf der Basis von Kohlenstoffverbindungen hergestellt werden. Diese organischen Materialien weisen wesentliche Eigenschaften von Halbleitern auf und könnten im Dünnschichtverfahren auf Folien gebracht werden, die leicht und flexibel wären. Auch könnten diese organischen Stoffe transparent hergestellt werden, was großflächige Anwendungen zulassen würde, so auch auf Glasfassaden. Durch ständig verbesserte Herstellungstechnologien ist es möglich, sie umweltfreundlich, preiswert und ohne giftige Bestandteile herstellen zu können. Noch entspricht der Wirkungsgrad dieser Solarzellen jedoch nicht den Anforderungen des Marktes, er liegt derzeit bei etwa 10 % und auch andere Probleme, wie Lebensdauer und Temperaturbeständigkeit, müssen noch optimiert werden. Aber es ist eine Zukunftsvision, an der es sich zu arbeiten lohnt. Die Politik muss solche Forschungen und Entwicklungen besser und großzügiger unterstützen. Das erforderliche Geld dazu ist vorhanden, es muss nur sinnstiftender eingesetzt werden.

Der Vollständigkeit halber, möchte ich auch die solaren Hochtemperatursysteme nicht unterschlagen. Das Prinzip dieser Anlagen beruht auf einer, durch Spiegelsysteme erfolgenden Konzentrierung der Sonnenwärme, auf eine kleine Fläche (Receiver), wo bei relativ geringen thermischen Verlusten hohe Temperaturen erzielt werden. Diese Hochtemperatursysteme können in Sonnenfarmen, Sonnentürme und Sonnenöfen unterteilt werden. Da in den nördlichen Breiten der Anteil der direkten Sonnenstrahlung relativ gering ist, werden diese Systeme sicherlich nur in einstrahlungsreichen Ländern zum Einsatz kommen – wo die Direktstrahlung größer als 1 800 Kilowatt pro Quadratmeter ist.

17. Energie des Wassers

Als Wasser wird die chemische Verbindung der Elemente Sauerstoff und Wasserstoff bezeichnet. Das Wort „Wasser" leitet sich vom althochdeutschen wazzar, „das Feuchte, Fließende", ab. Das „Fließende" Nass hat kinetische Energie gespeichert, die es durch seinen ständigen Kreislauf – Verdunsten - Kondensieren – Abregnen – gewonnen hat. Weitere kinetische Energie gewinnt es durch Bewegungs- und Fließabläufe. Wasser ist auf unserem Planeten schier unerschöpflich, wenn auch nicht gleichmäßig verteilt. Durch diesen genannten Kreislauf, wird im Wasser immer aufs Neue kinetische Energie erzeugt, außerdem entsteht durch Reibung Wärme. Dieser mechanische Energiefluss ist regenerativ und wird daher als regenerative Energiequelle bezeichnet.

Wasser hatte in der Entwicklung des Menschen von Anbeginn eine grundlegende Bedeutung. Wann und wie die Menschen die Wasserkraft, die auch Hydroenergie genannt wird, entdeckten und sich nutzbar machten, darüber kann nur spekuliert werden. Alte Kulturen am Nil, Euphrat, Tigris und auch am Indus haben erwiesenermaßen bereits vor 3 500 Jahren die ersten, durch Wasserkraft angetriebenen Maschinen, in Form von Wasserschöpfrädern zur Bewässerung von Feldern, eingesetzt. Auch die Römer und Griechen der

Antike nutzten Wasserkraft, um Arbeitsmaschinen anzutreiben. Dann, im 3. Jahrhundert v. Chr., wurde die Archimedische Schraube erfunden, die dem griechischen Wissenschaftler Archimedes zugeschrieben und bis heute noch genutzt wird. Die Franken, die als kulturelle Erben der Römer angesehen werden können, brachten dann die Wasserkraftnutzung, in Form von Wasserrädern, auch nach Germanien. Die Nutzung der Wasserkraft revolutionierte ab dem Spätmittelalter auch den Bergbau und schuf damit die Voraussetzungen für die im 19. Jahrhundert einsetzende Industrielle Revolution. Besondere Verdienste um die Nutzung der Wasserkraft erwarb sich der englische Ingenieur John Smeaton in der zweiten Hälfte des 18. Jahrhunderts. Er setzte gusseiserne Grundkörper für den Mühlenbau ein, wodurch die Wasserräder statisch wesentlich mehr belastet werden konnten, was wiederum zu einer erheblichen Leistungssteigerung führte. Diese Erfindung war ein weiterer bedeutender Baustein, für die etwa fünfzig Jahre später einsetzende Industrielle Revolution. Bis zur Erfindung gas- und elektrogetriebener Arbeitsmaschinen waren diese Wasserräder die bedeutendsten Antriebsquellen und Motoren des wirtschaftlichen Aufschwungs. Dann wurde, ab Mitte des 19. Jahrhunderts, mit den Erfindungen des elektrodynamischen Generators und der isolierten elektrischen Kabel durch Werner von Siemens, das Elektrozeitalter eingeleitet. Etwa zur gleichen Zeit wurden die ersten Wasserturbinen entwickelt – die Verschmelzung von Wasserturbine und Generator führte zum Durchbruch des elektrischen Stroms, der durch die Erfindung des isolierten Kabels dann auch zu den Verbrauchern geleitet werden konnte.

Im Jahr 1880 wurde das erste Wasserkraftwerk im englischen Northumberland in Betrieb genommen und schon 1896 entstand an den Niagarafällen in den USA das erste Wasser-Großkraftwerk der Welt. Mit den Elektrizitäts-Werken Reichenhall errichtete der Holzstoff-Fabrikant Konrad Fischer das erste Wasserkraftwerk Deutschlands in Bad Reichenhall, welches am 15. Mai 1890 den Betrieb aufnahm.

Mehr als eintausend Jahre lang drehten sich die Wasserräder als einzige kontinuierlich arbeitende Kraftmaschinen zur Bewegung von Mühlsteinen. Aber nicht nur das – durch die bereits in der Antike erfundene Nockenwelle wurden mit ihnen seit dem 11. Jahrhundert auch Sägewerke, Walkereien, Blasebälge, Eisenhammer, Pochwerke und vieles mehr angetrieben. Mit der Etablierung von Dampfmaschinen, elektrischen Antrieben und Verbrennungsantrieben, bekam das Wasserrad dann seinen Todesstoß.

Heute fristet die Nutzung der Wasserkraft ein vergleichsweises bescheidenes Dasein. Eigentlich wird sie nur in Verbindung mit Stauwerken und Laufwasserkraftwerken genutzt, oder, sehr begrenzt als Energiespeicher in Pumpspeicherwerken. Auch gibt es noch einige andere Anlagetypen, die aber bisher nur Nischen besetzen: Wellenkraftwerke, Gezeitenkraftwerke, Osmose-Kraftwerke, Meereswärmekraftwerke und Gletscherkraftwerke.

17.1 Laufwasserkraftwerke

Unter dem Begriff Laufwasserkraftwerk versteht man, ein Wasserkraftwerk ohne Speichermöglichkeit für das Betriebswasser. Für diese Kraftwerksvariante werden die Flüsse oder Bäche fast ausschließlich durch eine Staumauer oder Wehranlage aufgestaut. Das Stauwasser des Stauwerks wird dann durch eine Turbine geleitet, die die potentielle Energie des fließenden Wassers in eine mechanische Drehbewegung umwandelt. Diese Drehbewegung treibt einen Generator an, der elektrischen Strom erzeugt.

Das Prinzip des Laufwasserkraftwerks hat auch noch einige Sonderformen entwickelt, für die es gute Perspektiven bei der autarken Stromversorgung geben könnte, sofern die Betreiber Anwohner an fließendem Gewässer sind.

Das Wasserwirbelkraftwerk ist dabei die derzeit kleinste Form. Bei dieser Anlage wird Wasser vom Fließgewässer umgeleitet und einem kreisrunden Betonbecken mit Abfluss zugeführt. Die beim Abfließen entstehende Drehbewegung des Wassers, treibt einen im Abfluss installierten Wirbelrotor an, der über einen Generator den Strom erzeugt.

Eine sehr umweltschonende Anlage stellen die Strom-Bojen dar. Die werden ohne großen Aufwand und ohne die Landschaft zu verändern in das Fließgewässer gehängt, Rotor und Generator sind im Inneren der Boje integriert und erzeugen den Strom, der dann mit einer Leitung zu den Verbrauchern an Land geleitet wird. Auch sind diese neuartigen „Kleinkraftwerke" im Wesentlichen nicht hochwassergefährdet.

Einige weitere Varianten der Laufwasserkraftwerke befinden sich in Versuchs-, Test- oder Erprobungsphasen: Wasserkraftschnecken (für Wasserläufe mit geringen Wassermengen, die einen geringen Höhenunterschied zu überwinden haben) sowie Schachtkraftwerk (für kleine Fallhöhen mit speziellen Turbinen).

Prinzipiell kann gesagt werden, dass Wasser zwar eine sehr ergiebige regenerative Energiequelle ist, für den Bau von Großwasserkraftanlagen mit Staubauten aber umfangreich und zum Teil gravierend in die Landschaft und die Umwelt eingegriffen werden muss. So stehen immer wieder Bauvorhaben von Staudämmen, teilweise mit immensen Ausmaßen, in der Diskussion und führen auch zu umfangreichen Protesten, deren Turbinen gewaltige Leistungsdaten aufweisen. Als Beispiele seien hier die beiden Projekte mit den leistungsstärksten Kraftwerken genannt: das chinesische Drei-Schluchten-Projekt mit 18,2 Gigawatt und das Itaipú-Projekt, zwischen Brasilien und Paraguay, mit 14 Gigawatt Leistung. Letzteres produziert mehr als das Zehnfache eines Atomreaktors Typ Biblis A an Strom, mehr als die Maximalleistung von 23 000 Mittelklasseautos, oder zweieinhalbmal so viel wie die Schweiz an Elektroenergie verbraucht.

17.2 Wasserspeicher- und Wasserpumpspeicherkraftwerke

Unter einem Speicherkraftwerk wird im Zusammenhang mit der Wasserkraft ein Kraftwerk bezeichnet, welches elektrische Energie in Form von potentieller Energie (Lageenergie) von Oberflächenwasser speichert. In Zeiten des Wasserüberschusses eines Fließgewässers, wird zu diesem Zweck das Wasser zu einem Stausee aufgestaut. In Zeiten von erhöhtem Energiebedarf kann es dann abgerufen und in einem Wasserkraftwerk verstromt werden. Beim Pumpspeicherkraftwerk wird das Wasser sogar unter Aufwendung von Energie, die nicht abgenommen wird, in ein höhergelegenes Speicherbecken gepumpt. Somit dienen Wasserspeicherkraftwerke vorrangig der Deckung von Spitzenleistung und im Rahmen der Netzregelung der Bereitstellung von Regelleistung. Die ist mit herkömmlichen Kraftwerken, technologisch bedingt, nicht immer zu gewährleisten, da weder schnell genug auf Verbraucherschwankungen, noch auch auf Verbrauchsspitzen reagiert werden kann. Diese Aufgaben übernehmen Wasserspeicherkraftwerke und insbesondere Wasserpumpspeicherkraftwerke.

Diesbezüglich haben die Harzer, wo Speicherkraftwerke ja zuhause sind, eine zukunftsträchtige Idee: Dort soll das weltweit erste unterirdische Pumpspeicherwerk entstehen. Die zahlreichen alten Schachtanlagen sollen genutzt werden, um entsprechende Wasserspeicher anzulegen. Die Deutsche Energieagentur jedenfalls plädiert für einen massiven Ausbau der Pumpspeicherkraftwerke. Sie seien „die einzigen großen Stromspeicher, die sich weltweit seit langem in überregionalen Stromsystemen bewährt haben und mit einem

Wirkungsgrad von bis zu 85 Prozent auch die wirtschaftlichsten", heißt es in einem Gutachten aus dem Jahr 2010.

17.3 Wellenkraftwerke

Sie nutzen die Energie der Meereswellen zur Erzeugung von elektrischem Strom und werden den erneuerbaren Energien zugerechnet. Diese Energieform wird seit Jahrzehnten erforscht. Daher kennt man die Energie der Wellen und ihre freigesetzte Leistung recht genau. Besonders die Ozeane und Meere haben großes Potential und damit sicher eine Perspektive in der Versorgung der Menschheit mit Energie – die Binnenmeere weniger. Zwischen 15 und 100 Kilowatt je Meter Wellenwalze haben Forscher ermittelt – ein deutscher Haushalt verbraucht durchschnittlich 10 Kilowattstunden täglich. Leider ist die Gewinnung von elektrischem Strom aus Wellenenergie technologisch noch sehr aufwendig und somit teuer. Man hofft aber in etwa zehn Jahren das Preisniveau von Gas- und Kohlekraftwerken erreichen zu können. Der Internationale Weltenergierat in London hat Berechnungen angestellt, nach denen etwa 15 % des weltweiten Strombedarfes durch Wellen- und Gezeitenkraftwerke gedeckt werden könnten. Dabei wurden allerdings nur küstennahe Standorte in die Berechnungen einbezogen, die Möglichkeiten zur Energiegewinnung in den übrigen Regionen wurden noch nicht berücksichtigt.

Technologisch gibt es unterschiedliche Funktionsprinzipien zur Nutzung der Wellenenergie. Durchgesetzt hat sich bisher keine davon. Am erfolgversprechendsten scheint aber derzeit die sogenannte Seeschlange – diese Technologie bezeichnet man mit dem griechischen Wort dafür – Pelamis. Hierbei handelt es sich um röhrenförmige Stahlsegmente, von denen seeschlangenartig mehrere über Gelenke miteinander verbunden sind. Diese Konstruktion schwimmt dann halb eingetaucht auf der Wasseroberfläche, quer zum Wellenkamm und wird durch die Wellenbewegungen in Schwingungen versetzt. Über hydraulische Zylinder, zwischen den Einzelsegmenten, werden diese Energien dann auf Hydraulikgeneratoren übertragen, die dann Strom produzieren. Seit dem Jahr 2006 ist ein derartiges Wellenkraftwerk vor der portugiesischen Küste installiert. Begonnen wurde mit zwölf Pelamis-Anlagen, die eine Gesamtkapazität von 2 Megawatt haben; das Kraftwerk soll schrittweise erweitert werden.

Vielversprechend scheint auch die Nutzung ansteigender Meeresböden in Küstennähe. Die finnische Firma AW-Energy hat dafür das „Waveroller" genannte Prinzip entwickelt. Dazu werden auf dem Meeresboden vor der Küste vertikal bewegliche Platten verankert. Die Platten nehmen die speziellen Bewegungen und Kräfte der Wellen in Strandnähe auf und erzeugen in einem Hydrauliksystem einen enormen Druck, der in einem Hydraulikmotor ein Drehmoment erzeugt, dass in einem angeschlossenen Generator zu elektrischem Strom gewandelt wird.

17.4 Gezeitenkraftwerke

Dies ist ein Wasserkraftwerk, das potentielle und kinetische Energie aus dem Tidenhub des Meeres in elektrischen Strom wandelt. Gezeitenkraftwerke erhalten ihre Energie letztlich durch die Erddrehung mit Hilfe der Anziehungskraft des Mondes und der Sonne auf der Erde. Sie bremsen die Strömungsbewegung der Meere durch die Gezeiten minimal ab. Durch diese Bremswirkung, verursacht durch die auf- und ablaufende Strömung, treibt als Folge die im gestauten Wasser enthaltene potentielle Energie eine Turbine an. Die angeschlossenen Generatoren wandeln dann die Rotationsenergie in elektrische Energie.

Im East River in New York sind im RITE-Projekt mehrere kleine Turbinen installiert, die elektrische Energie aus Gezeitenkräften gewinnen. Diese Projektanlagen haben eine Kapazität von 10 Megawatt. Das Gesamtpotential dieses Standorts wird jedoch auf 500 bis 1 000 Megawatt geschätzt. Das außergewöhnliche dieser Testanlage ist, dass die Turbinen und Generatoren in kompakter Bauweise auf dem Flussgrund installiert sind. Dadurch wird gewährleistet, dass keine größeren ökologisch bedenklichen Eingriffe in die Flusslandschaft vorgenommen werden müssen.

17.5 Osmosekraftwerke

Unter Osmose in diesem Anwendungsfall versteht man das physikalische Prinzip des gerichteten Flusses von Wasser durch eine halbdurchlässige oder teilweise durchlässige Membran, aufgrund eines Unterschieds im osmotischen Druck. Dieser Druck entsteht durch den Unterschied im Salzgehalt zwischen Süß- und Meerwasser. Osmose ist seit langem bekannt, diesen physikalischen Effekt aber zur Gewinnung von Energie technisch zu nutzen, wird erst seit den 1990-er Jahren konkret erforscht. Als weltweit erster Prototyp eines Osmosekraftwerks wurde am 24. November 2009, im norwegischen Tofte am Oslofjord, ein Kleinstkraftwerk in Betrieb genommen. Als mögliche Standorte für derartige Kraftwerke kommen alle Standorte in Frage, wo Süß- und Salzwasser zusammenfließen. Osmosekraftwerke können wohl nur einen bescheidenen Beitrag zur Energieversorgung liefern, aber es ist eine regenerative Energiequelle die von Fall zu Fall einen Versorgungsbeitrag zu liefern vermag.

17.6 Meereswärmekraftwerke

Das Funktionsprinzip derartiger Kraftwerke beruht auf thermodynamischen Prozessen, in denen aus dem Temperaturunterschied zwischen kaltem und warmem Wasser elektrische Energie gewonnen wird. Für solche Anlagen gibt es theoretisch verschiedene Funktionsprinzipien: grundsätzlich aber wird kaltes Tiefenwasser angesaugt oder aber warmes Oberflächenwasser in die kalten, tiefen Schichten gepumpt. Derartige Kraftwerksanlagen werden auch den regenerativen Energien zugeordnet, sie sind aber über gewisse Versuchsstadien noch nicht hinaus gekommen. Das Potential solcher Kraftwerke ist daher nur schwer abzuschätzen.

17.7 Gletscherkraftwerke

Diesen Kraftwerkstyp, der Schmelzwasser von Gletschern zur Stromerzeugung nutzt, möchte ich hier nur der Vollständigkeit halber erwähnen. Diese Anlagen könnten nur in polaren Gebieten errichtet werden, dazu sind unsere Technologien derzeit aber wohl noch nicht robust genug. Außerdem sollten die Polargebiete von solchen schwer zu prognostizierenden Eingriffen verschont bleiben.

17.8 Meeresströmungskraftwerke

Dies sind Anlagen, bei denen im Wasser installierte Rotoren mittels Meeresströmung angetrieben werden. Die Rotoren sind, ähnlich wie bei Windkraftanlagen, mit einem Generator verbunden, der elektrischen Strom erzeugt. Unter anderem läuft derzeit ein EU-Projekt unter deutscher und britischer Leitung mit dem Namen Seaflow. Die Pilotanlage mit einer Kapazität von 300 Kilowatt wird vor der britischen Küste betrieben.

18. Erdwärme – die Energie unseres Planeten

Rund 99 % unseres Planeten sind heißer als 1 000 Grad Celsius, etwa 90% des Rests ist immer noch heißer als 100 Grad Celsius. Im Inneren unseres Planeten gehen verschiedene Schätzungen sogar von Temperaturen von 4 800 bis 7 700 Grad Celsius aus. Dieser Bereich ist uns aber auf absehbare Zeit nicht zugänglich, daher beschränkt sich die Geothermie auf die im zugänglichen Teil der Erdkruste gespeicherten Wärme. Sie umfasst die in der Erde gespeicherte Energie, soweit sie entzogen und genutzt werden kann und zählt zu den regenerativen Energien. Sie kann sowohl direkt genutzt werden, etwa zum Heizen und Kühlen durch Wärmetauscher oder Wärmepumpen, als auch zur Erzeugung von elektrischem Strom oder in einer Kraft-Wärme-Kopplung.

Aber woher kommt dieses unermessliche Potential an Erdwärme? Es ist Eigenwärme des Erdkörpers, die zum Teil (geschätzt: 30 % bis 50 %) Restwärme aus der Zeit der Erdentstehung ist.

Der größere Teil (geschätzt: 50 % bis 70 %) stammt jedoch aus radioaktiven Zerfallsprozessen im Erdinnern. Alles Leben auf unserer Erde und so auch wir Menschen, sind also auch einer ständigen radioaktiven Strahlung ausgesetzt. Diese Erdstrahlung macht einen entscheidenden Teil der radioaktiven Strahlung aus, die auf alles Leben wirkt – dazu aber später mehr. Auch die Gezeitenkräfte, vor allem die des Mondes, die in der Erdkruste seit Jahrmillionen kontinuierlich Wärme erzeugt haben und bis heute erzeugen, tragen zur Erdwärme bei. Außerdem erwärmt oberflächennah die Sonneneinstrahlung die Erdoberfläche.

Die Erdwärme ist also, wie auch das Wasser, eine global verfügbare und langfristig nutzbare Energiequelle, mit nahezu unerschöpflicher Kapazität. Sie zu nutzen stellt uns aber bisher teilweise vor erhebliche Probleme verschiedener Art. Nicht bei der oberflächennahen Geothermie mit Hochenthalpie-Lagerstätten, die bisher auch diese weltweite Energienutzung dominiert. Hiermit werden geologische Wärmeanomalien bezeichnet, die ihre Ursachen zumeist im Vulkanismus/Magmatismus haben; anzutreffen sind mehrere hundert Grad heiße Fluide. Die vulkanischen Gebiete auf unserer Erde sind aber stark begrenzt, in Deutschland sind sie zu vernachlässigen. Sie stellen trotzdem ein enormes Energiepotential dar. So haben Wissenschaftler für einhundertdreiunddreißig US-amerikanische Vulkane eine theoretische Dauerleistung von 23 000 Megawatt errechnet.

Der Rest der Welt muss sich mit der oberflächennahen Geothermie begnügen, die auf Niederenthalpie Lagerstätten beruht. Die oberflächennahe Geothermie bezeichnet die Nutzung der Erdwärme insgesamt bis zirka 400 Meter Tiefe. Aus Sicht der Geothermie ist jedes Grundstück für eine Erdwärmenutzung geeignet, die Geologie sieht das jedoch anders. In der Regel sind mindestens 100 Grad Celsius notwendig, um wirtschaftlich Strom erzeugen zu können – für die direkte Nutzung der Wärme, für Heizung oder Kühlung, trifft ähnliches zu. In welcher Tiefe allerdings diese Temperaturen herrschen ist regional sehr unterschiedlich. In Deutschland unterliegt die Nutzung der Erdwärme im Wesentlichen dem Berg- und dem Wasserrecht. Dementsprechend ist die geothermische Energie ein bergfreier Rohstoff, der dem Staat gehört und der von diesem an den jeweiligen Nutzer verliehen wird. Somit ist also zur Nutzung von Erdwärme eine staatliche Genehmigung erforderlich, denn das Grundstückseigentum erstreckt sich nicht auf die Erdwärme. Für Bohrungen, die tiefer als 100 Meter sind, ist außerdem ein bergrechtlicher Betriebsplan erforderlich.

In einschlägigen Veröffentlichungen und Medien wird uns offeriert: Die oberflächennahe Geothermie kann bei der Einhaltung des Standes der Technik und einer ausreichend intensiven Überwachung und Wartung so errichtet und betrieben werden, dass in der Regel keine erheblichen Risiken von solchen Anlagen ausgehen.

Die Abweichungen von der Regel nehmen aber proportional zur Anzahl der installierten Anlagen zu und sie haben teilweise dramatische Folgen: Großflächige Geländeerhebungen in Staufen, Erdbeben in Basel, Erdabsenkungen in Leonberg und Renningen, in Offenbach Bohrlochinstabilität, in Speyer wurde Erdöl statt Wasser gefunden. Die entstandenen Schäden sind zum Teil erheblich, was kurz am Beispiel von Staufen in Baden-Württemberg aufgezeigt werden soll. Die Ursachen für die Geländeerhebungen sind noch nicht zweifelsfrei geklärt. Das ganze Ausmaß der Schäden ist nicht absehbar – nicht nur für das erst im Jahr 2007 sanierte und besonders betroffene Rathaus, sondern auch für die gesamte denkmalgeschützte Altstadt. Bis Oktober 2010 waren 247 Häuser betroffen, davon 127 besonders stark beschädigte. Aktuelle Schätzungen nennen einen reinen Gebäudeschaden von 42 bis 50 Millionen Euro. Das Stadtbauamt wurde wegen Einsturzgefahr geräumt, viele Häuser müssen mit massiven Holzpfeilern abgestützt werden. Die Risse an den Häusern sind bis zu zehn Zentimeter breit. Aus dem Inneren mancher Gebäude können die Bewohner auf die Straße schauen, die Hebung beträgt im Maximum mittlerweile über 30 Zentimeter. Die physischen und psychischen Schäden bei den betroffenen Grundstückseigentümern sind nicht zu beziffern, jedem aber sicher nachvollziehbar.

Bei der Tiefengeothermie wird schon sehr sorgfältig geplant und ausgeführt, um die damit verbundenen Gefahren so gering wie möglich zu halten. Die Tiefbohrtätigkeiten werden daher von zahlreichen Behörden intensiv überwacht und setzen ein umfangreiches Genehmigungsverfahren voraus.

Fakt ist aber, wir sind mit diesen Technologien und den zahlreichen Wissenschaftsgebieten, die diese Technologien tangieren und begleiten, noch ganz am Anfang. Das verbleibende Risiko sollte daher nicht länger als *planbar herstellbar* bezeichnet werden, sondern es sollte keine Baugenehmigung erteilt werden, solange noch Unklarheiten am Standort bestehen und ganz besondere Vorsicht ist bei Projekten in Städten und Gemeinden sowie in dichtbesiedeltem Gebiet erforderlich. Denn die im Inneren unserer Erde wirkenden Kräfte, haben wir noch nicht vollständig erkannt und davon sie zu beherrschen, sind wir noch weit entfernt.

Ich will keinen Stab über der Geothermie brechen, dazu ist sie viel zu bedeutend. Sie darf aber keinesfalls wirtschaftlichen Aspekten anheimfallen und so wie die Atomenergie, zu der wir noch kommen, dem Profitstreben und Zeitgeist geopfert werden.

Wenden wir uns nun dem zukünftigen Schwerpunkt der geothermischen Anwendungstechnologien zu, der Stromerzeugung. Die konzentriert sich traditionell auf Länder, die über oberflächennahe Hochenthalpie-Lagerstätten verfügen (meist Vulkan- oder Hot-Spot-Gebiete). Länder, wie zum Beispiel Deutschland, die diese Lagerstätten nicht haben, müssen den Strom mit einem vergleichsweise niedrigen Temperaturniveau von etwa 100 bis150 Grad Celsius erzeugen, oder es ist entsprechend tiefer zu bohren.

Weltweit ist ein rasanter Zuwachs bei der Nutzung von Geothermie zur Stromerzeugung zu verzeichnen. Die zum Ende des ersten Quartals 2010 installierte Leistung betrug 10 715 Megawatt und wurde von 526 geothermischen Kraftwerken erzeugt. Diese Entwicklung ist sehr positiv zu bewerten, trotz der noch bestehenden Probleme. Die wird man zunehmend in den Griff bekommen, je größer die Erfahrung im Umgang mit dieser gewaltigen Energiequelle ist. Unwägbarkeiten und gewisse Risiken werden jedoch wohl immer bleiben: Zum Beispiel Seismizität, Grundwasserprobleme, Arteser, Abkühlung der oberflächennahen Schichten bei Nutzung im großen Stil, Freisetzung chemischer Verbindungen sowie das Auslösen unkontrollierbarer chemischer Reaktionen.

Immerhin haben Wissenschaftler errechnet, dass allein in den drei oberen Kilometern unserer Erdkruste so viel Wärmeenergie gespeichert ist, dass rein rechnerisch damit der Energiebedarf für über 100 000 Jahre gedeckt werden könnte. Es wäre also nicht unbedingt nötig, sehr viel tiefer als drei Kilometer zu bohren, um somit unkalkulierbare Risiken zu vermeiden. Bei heutigen Kraftwerkstechnologien sind die Temperaturen der oberflächennahen Geothermie, also zur indirekten Nutzung, leider zur Erzeugung von elektrischem Strom noch nicht wirtschaftlich – ich bin mir aber sicher, dass auch hierfür in der Zukunft rentable Technologien entwickelt werden. Zur effizienten Wärmeversorgung aber, also zur direkten Nutzung, reichen diese Temperaturen allemal. Neben seiner unvorstellbar großen Energiemenge hat die Geothermie aber gegenüber der Sonnenenergie und der Windenergie einen entscheidenden Vorteil: Sie steht, unabhängig von der Tages- und Jahreszeit und auch unabhängig vom Wetter, konstant zur Verfügung.

Die verschiedenen Technologien der Geothermie zur direkten Nutzung, wie auch zur Stromerzeugung hier zu erläutern, würde meinem Anliegen nicht gerecht werden, dies allein könnte ein Buch füllen.

19. Thermochemische Wärmespeicher

Eine Gruppe der Energiespeicher, die Energie zur späteren Nutzung speichern, habe ich im Kapitel über die Akkumulatoren schon beschrieben. In diesem Kapitel möchte ich die Speicherung von Wärme auf thermochemischer Basis vorstellen.

Stellen Sie sich vor, wir könnten im wirtschaftlichen Rahmen die sommerliche Wärme der Sonne speichern, um dann im Winter, wenn es kalt ist, diese Wärme abzurufen! Eine tolle Illusion nicht wahr? Oder auch keine Illusion, sondern eine Zukunftstechnologie, die auf naturwissenschaftlichen Grundlagen basiert.

Solche physikalisch/chemischen Prozesse werden der chemischen Thermodynamik zugeordnet. Man spricht hierbei von sogenannten endothermen und exothermen Reaktionen. Als endotherm wird eine chemische Reaktion bezeichnet, der Energie zugeführt werden muss, exotherm ist die Reaktion, wenn diese innere Energie wieder abgegeben wird.

Es gibt ein breites Spektrum thermochemischer Wärmespeicher, die meisten davon befinden sich noch in der Entwicklung. Theoretisch können sie jedoch ein breites Spektrum von Einsatzgebieten abdecken. Dabei ist diese Energietechnologie nicht neu! Bereits im Jahr 1883 erfand der Dürener Moritz Honigmann die nach ihm benannte feuerlose Dampflokomotive. In meinem Buch „Deutschland (k)ein Erfinderland" widme ich dieser Erfindung ein ganzes Kapitel. Es ist eine Lokomotive, in der Natronlauge den zum Antrieb benötigen Wasserdampf erzeugt. Diese Natron-Dampfspeicher-Lokomotive, die in Aachen Ihren erfolgreichen Testeinsatz hatte, setzte sich aber nicht durch – oder wurde diese verhindert!?

Der breiten Anwendung von autarken Energiegewinnungstechnologien, die weder auf Kohle, Öl oder Elektroenergie basieren, wurden über fast ein Jahrhundert kaum Bedeutungen beigemessen, man könnte auch sagen, sie wurden ausgebremst. Heute sind wir, nach einem langen Erkenntnisprozess, auf einem neuen Weg – trotzdem bestimmt noch immer Lobbyismus diesen.

Eine Bespiel für thermochemische Wärmespeicher sind sogenannte Sorptionsspeicher. Das sind üblicherweise Granulate, die hygroskopisch und stark porös sind und daher über sehr große Oberflächen verfügen – zum Beispiel Kieselgel. Diese Granulate kommen in einen Tank, an dem ein Wärmeüberträger angeschlossen ist. So kann beispielsweise im Sommer Energie zugeführt werden, die das entsprechende Granulat trocknet und unter eine hohe innere Spannung setzt. Wenn dann die Wärmeenergie benötigt wird, belüftet man schrittweise den Wärmespeicher, damit die Wärme abgegeben und genutzt werden kann.

Auch Metallhydride oder Zeolithe können als Wärmespeicher verwendet werden und zahlreiche andere chemische Verbindungen werden getestet. Dabei sind die Arbeitstemperaturen der verschiedensten flüssigen und festen Absorbentien recht unterschiedlich und somit prädestiniert für verschiedene Anwendungen:

Metallhydride: 280 bis 500 Grad Celsius
Silikagel: zirka 40 bis 100 Grad Celsius
Zeolithe: zirka 130 bis 300 Grad Celsius

Vielleicht sind auch hochkonzentrierte wässrige Salzlösungen eine echte Alternative für die Zukunft, denn diese Salzlösungen sind hervorragende Energiespeicher. Und Mutter Natur hat uns Natriumchlorid, das auch Kochsalz genannt wird, in reichen Mengen zur Verfügung gestellt. Allein das Meerwasser unserer Erde enthält etwa 3% davon in gelöster Form. Hinzu kommen weltweit riesige Steinsalzvorkommen, in Deutschland werden die unterirdischen Lagerstätten auf mehr als 100 000 Quadratkilometer geschätzt. Was bei Salzspeichern außerdem hervorzuheben ist, sie unterliegen kaum einem „chemischen Verschleiß", so wie etwa Akkumulatoren, und sind daher einmal angelegt, sehr, sehr lange nutzbar. Auch Umweltschädigungen sind bei dieser Technologie nur in sehr beschränktem Umfang aufgetreten.

Thermochemische Energiespeicher sind aber nicht nur geeignet um Solarenergie zu speichern. Sie bieten auch gutes Potential zur Nutzung von gewerblicher oder industrieller Abwärme und schonen somit Ressourcen. Wie es scheint, sind sie auch besonders geeignet für Klimatisierungsprozesse. Denkbar wäre es aber durchaus auch, erzeugte Elektroenergie, die nicht abgenommen wird, zum Beispiel aus Windenergieanlagen, in Wärmeenergie zu wandeln und in derartigen Adsorptionsspeichern zwischenzulagern. Bei Bedarf kann aus der Wärmeenergie dann wieder Elektroenergie erzeugt werden.

Dass Energiegewinnung, egal auf welche Art und Weise, nicht ohne Nebenwirkungen zu haben ist, sollte jedem klar sein – auch den Ökolobbyisten, Ökoverbänden und Ökopolitikern. Wir müssen einfach davon loskommen, einzelne Energiegewinnungstechnologien ideologisch zu verteufeln, um dafür andere in den Himmel zu loben. Nur ein gesunder Mix kann uns in die Zukunft führen.

20. Bio-Kohle

Bio-Kohle, oder auch Pflanzenkohle genannt, ist ein klassisches Recycling-Produkt. Fachlich wird dieser hochenergetische Energieträger auch Pyrokohle genannt, weil er in einem mehrstufigen Biomasse-Pyrolyse-Prozess hergestellt wird. Biologische Reststoffe aller Art wie: Gras, Laub, Inhalte von Biotonnen, Gartenabfälle und so weiter werden bei Temperaturen von zirka 200 Grad Celsius und einem Druck von 20 Bar entwässert, gepresst und verkohlt. Dieses Verfahren zur künstlichen Schnellherstellung von Kohle, ist der Wissenschaft seit langem bekannt. Man hat sich dieser Möglichkeit der Kohleherstellung aber in den letzten einhundert Jahren weitgehend verschlossen – es war ja genug fossile Kohle vorhanden. Hergestellt wurde Pflanzenkohle zwar für medizinische Verwendungen, als Bodenverbesserer für die Landwirtschaft, als Futtermittelzusatz und Nahrungsergänzungsmittel. Da nur verhältnismäßig kleine Mengen für diese Anwendungen produziert wurden, waren die Herstellungstechnologien unausgereift und somit teuer. Auch ist die Herstellung energetisch aufwendig, denn etwa 20 % der in den Bioabfällen gespeicherten Energie wird für die Erzeugung verbraucht. Gleichzeitig hat diese Umwandlung aber auch ihre Vorteile: Es werden Abfälle energetisch nutzbar, die zuvor nur verbrannt oder kompostiert wurden.

So hat man neuerdings erkannt, dass Bio-Kohle durchaus ein respektabler Energielieferant sein kann. Der Materialkosteneinsatz für diese Kohle ist sehr gering, außerdem lässt sie sich gut lagern und transportieren. Somit kann sie auch in regulären Kraftwerken verfeuert werden. Die können so ihre CO_2-Bilanz aufbessern, so sagt man – ganz ohne neue Kraftwerksbauten. Ich bin bei der ganzen CO_2-Debatte sehr skeptisch. Auch Vorgänger-Umweltschutz-Debatten wie „Waldsterben" und „Ozonloch" haben sich wissenschaftlich als nicht tragbar erwiesen. Aber dazu später mehr.

Bei der Verkohlung entstehen auch Synthesegase sowie größere Mengen von Abwärme. Bei modernen Pyrolyseanlagen können daraus über eine Kraft-Wärme-Kopplung elektrischer Strom und Brauchwärme erzeugt werden.

Der Herstellung von Bio-Kohle ist vom Materialeinsatz her in Deutschland kaum Grenzen gesetzt. Die Standorte solcher Anlagen sind sehr breit gefächert: Kompostwerke, Gärtnereien, Bauernhöfe, kommunale Bauhöfe, Klärwerke und Abfallentsorger, Brauereien und Keltereien, Lebensmittelhersteller, Holz- und Möbelindustrie und allen voran die Forstwirtschaft.

21. Energie aus nachwachsenden Rohstoffen

„Nachwachsende Rohstoffe", ein Begriff, mit dem wir tagtäglich konfrontiert – man kann auch sagen manipuliert – werden. Nachwachsende Rohstoffe werden uns als Heilsbringer, als Lösung aller energetischen Probleme verkauft.

Versuchen wir zuerst einmal diese Wortschöpfung zu definieren: NR, so eine Abkürzung, sind Pflanzen oder Teile von ihnen, also organische Stoffe. Sie stammen aus land- oder forstwirtschaftlicher Produktion oder auch aus Wildwuchs. Sie werden zielgerichtet produziert oder gewonnen, ohne sie in der Nahrungs- oder Futterwirtschaft verwenden zu wollen. Hintergrund dieser Gewinnung von biologischer Pflanzenmasse ist deren energetisches und stoffliches Potenzial. Nachwachsende Rohstoffe können dementsprechend energetisch oder stofflich verwendet werden; wir wenden uns hier der energetischen Verwendung zu, die in flüssiger, fester oder gasförmiger Form erfolgen kann.

Mit der Verwendung von nachwachsenden Rohstoffen macht sich der Mensch eine Synthesevorleistung der Natur zunutze, die Umwandlung von Sonnenenergie in energiereiche, organische Verbindungen. Allerdings sollten wir bei all der Hype um NR nicht vergessen, welche Rolle das Pflanzenreich für den Lebensraum Erde einnimmt. Zu allererst sorgt der sauerstoffproduzierende Komplex der pflanzlichen Fotosynthese für den lebensnotwendigen Sauerstoff in unserer Atmosphäre. Dann sind Pflanzen Nahrungsgrundlage für Tiere und Menschen. Vielen Menschen steht allerdings diese Nahrungsgrundlage nicht in ausreichendem Maße zur Verfügung. Zuerst sollten wir also immer diese zwei Aspekte im Hinterkopf haben, bevor wir uns der Nutzung von Pflanzen zu energetischen Zwecken zuwenden. Ich habe persönlich so meine moralischen Bedenken, wenn Lebensmittel einzig zum Zweck der energetischen Nutzung angebaut werden, so lange in anderen Teilen dieser Welt Menschen an Hunger sterben. Daher sollten meiner Meinung nach NR nur ein energetisches Standbein von mehreren sein.

Grundsätzlich können alle Pflanzen zu energetischen Zwecken genutzt werden. Wirtschaftlich sind dem aber Grenzen gesetzt, weil eine energetische Nutzung industrienahe Prozesse erfordert. Durchgesetzt haben sich folgende nachwachsenden Rohstoffe: Holz, Ölpflanzen sowie Kulturpflanzen mit hohem Zucker oder Stärkegehalt.

Wenden wir uns zuerst dem Holz zu, dem wohl derzeit noch bedeutendsten nachwachsenden Rohstoff. Wald bedeckt etwa 4,2 Milliarden Hektar (42 Millionen Quadratkilometer) der Erdoberfläche, was etwa 8,2 % der Erdoberfläche entspricht oder 28,2 % der Landfläche der Erde. Unvorstellbar viel Wald also, sollte man meinen. Dem ist auch so und dass ist auch gut so und sollte so bleiben. Und auch in Deutschland gibt es reichlich Wald, fast ein Drittel der Landfläche ist damit bedeckt. Mit der unbotmäßigen Waldnutzung zu energetischen Zwecken hat vor einigen hundert Jahren bereits der Harz, als damals führende Bergbauregion in Europa, schlechte Erfahrungen gemacht. Riesige Flächen wurden abgeholzt, um für die Holzkohleerzeugung und andere bergbauliche Zwecke, Holz zur Verfügung zu haben. Aber Wald braucht viele Jahrzehnte, teilweise Jahrhunderte, um sich selbst zu regenerieren. Oftmals kann diese Regeneration nicht ausreichend stattfinden, weil die Rahmenbedingungen nicht mehr stimmen, denn Wald ist ein sehr komplexes Ökosystem. Diese Waldübernutzung führte im Harz sowie in anderen Regionen in Mitteleuropa, im Spätmittelalter sowie zum Beginn der Neuzeit, teilweise zum Erliegen des Bergbaus. Erst zu Beginn des 18. Jahrhunderts erkannte man die Vorteile einer nachhaltigen Waldnutzung und führte die Forstwirtschaft ein. An diesem Beispiel sehen wir, wie lange Zeit es mitunter dauert, bis gewisse Erkenntnisprozesse reifen und dann auch zu Veränderungen führen.

Heute ist nachhaltige Forstwirtschaft selbstverständlich, auch wenn die „Holzernte" mit moderner Großtechnik wohl einige Fragen offen lässt, denn da wo die modernen Holzfäller tätig waren könnte man mitunter denken, ein Bombenhagel sei niedergegangen. Trotzdem, Wald gibt es reichlich und somit auch Biomasse. Auch werden heute schon Plantagenwälder mit schnellwachsendem Gehölz angelegt, was wohl auch eine gute Alternative ist.

Früher war Brennholz einmal der Energielieferant Nummer eins. Dann kam Kohle auf, Öl und Gas – das Holz verlor weitgehend seine Bedeutung. Die Klimaprophezeiungen „Waldsterben, Ozonloch" und „CO_2-Klimaerwärmung" taten ihr Übriges und führten zu überzogenen gesetzlichen Reglungen für das Verbrennen von Holz in heimischen Öfen. Heute hat Holz für die konventionelle Wärmegewinnung nur eine geringe Bedeutung. Wir haben uns damit in eine häusliche Abhängigkeit von Öl, Gas und Strom begeben, die einem mitunter Angst machen kann. Wenn nur kein Strom für die kleine Umwälzpumpe der Heizanlage da ist, bleibt das Haus kalt. Was ist, wenn uns mal ein richtig harter Winter heimsucht, der das Stromnetz für längere Zeit ausfallen lässt? Mit Holz heizen kann heute kaum noch ein Haushalt, also bleibt alles kalt, bis der Strom wiederkommt.

Heute gewinnt Holz allerdings zur Wärmeerzeugung in veredelter Form wieder zunehmend an Bedeutung, Hackschnitzel und Holzpellets kommen sowohl in Privathaushalten wie auch in Biomasseheizwerken verstärkt zum Einsatz. Für private Haushalte stellen sie aber sicher keine breite Einsatzperspektive dar, denn die Lagerkapazität ist aufwendig und nicht für jeden realisierbar.

Auch wird Holz in Bioheizkraftwerken eingesetzt. Meist gemischt mit anderen nachwachsenden Rohstoffen wird sowohl Nutzwärme produziert, als auch elektrischer Strom.

Kommen wir nun zur energetischen Nutzung von Ölpflanzen. Diese werden grundsätzlich landwirtschaftlich angebaut. Da für die energetische Nutzung geschmackliche Aspekte keine Rolle spielen, werden vorrangig Ölpflanzen angebaut, die nur auf Ertrag ausgelegt sind. In Mittel- und Nordeuropa spielt dabei der Rapsanbau eine entscheidende Rolle, in klimatisch wärmeren Ländern werden primär Ölpalmen und Sojabohnen angebaut. Die überwiegende Masse der erzeugten Öle wird zu Biokraftstoffen verarbeitet. Grundsätzlich sicher keine schlechte Sache, lässt man den Nahrungsmittelaspekt außen vor. Allerdings bereitet der massenhafte Rapsanbau auch andere Probleme. In den Zeiten, in denen der Raps blüht und die Landschaft in ein wunderschönes knalliges Gelb getaucht ist, entsteht eine Pollenbelastung, die kaum zu ertragen ist. Besonders für Allergiker und Atemwegs- sowie Lungenkranke ist diese Zeit die Hölle auf Erden. Von daher sehe ich wenige Möglichkeiten den Rapsanbau in Europa noch weiter auszubauen.

Bleibt als energetische Alternative der Anbau von Kulturpflanzen mit hohem Zucker und Stärkegehalt. Bei diesen nachwachsenden Rohstoffen steht unter energetischen Aspekten die Vergärung von Zucker und Stärke zu Ethanol im Vordergrund. Diesem Alkohol kann als „Biokraftstoff" eine rosige Zukunft prognostiziert werden. Die weltweit bedeutendste Zuckerpflanze ist Zuckerrohr, während in gemäßigten Klimazonen die Zuckerrübe dominiert.

Wenden wir uns also zunächst dem Zuckerrohr zu. Dies ist eine Pflanze aus der Familie der Süßgräser, die mehrere tausend Arten hat. Heute wird Zuckerrohr weltweit in allen geeigneten Klimazonen angebaut und liefert etwa 74 % der Weltzuckerproduktion. Auch wird Zuckerrohrzucker preiswerter angeboten als Rübenzucker. Man könnte daraus schließen, dass diese preiswerte Produktion auf das Lohngefüge der Erzeugerländer zurückzuführen ist, was aber nur die halbe Wahrheit darstellt. Denn Schwellen- und Entwicklungsländer wie Brasilien, Indien, China, Thailand, Pakistan und Mexiko sind die führenden Anbauländer. Perspektivisch muss man aber auch sehen, das Zuckerohr enorm ertragreich ist und angelegte Plantagen bis zu zwanzig Jahre Bestand haben können. Außerdem hat die Zuckerrohrernte bei weitem noch nicht die Ernteautomatisierung erreicht wie die Zuckerrübe. In den Halmen des Zuckerrohrs ist Zucker bis zu einem Anteil von 18 % enthalten. Der Rest der Zuckerrohrpflanze ist allerdings auch noch hochwertige Biomasse, die auch energetisch genutzt wird oder werden kann. Auf jeden Fall ist Zuckerrohr, bezogen auf die gesamte anfallende Biomasse, der Zuckerrübe weit überlegen. So wird je Hektar Anbaufläche ein durchschnittlicher Ertrag von 73 Tonnen erzielt. Zuckerrohranbau ist heute noch mit vielen Makeln behaftet, was aber nicht dem Zuckerrohr anzulasten ist. Es sind allein von Menschen verursachte Probleme, die aber auch von Menschen behoben werden können.

In den gemäßigten Klimazonen, so auch in Deutschland, wird alternativ die Zuckerrübe angebaut. Zuckerrohr hat hier leider keine Perspektive, denn diese Pflanzen benötigen hohe Temperaturen und vertragen keinen Frost. Die Zuckerrübe ist eine klassische Kulturpflanze, die von der wilden Rübe abstammt und züchterisch auf einen stark erhöhten Zuckergehalt hin verändert wurde. Der Zuckergehalt unserer heutigen Rüben liegt etwa bei dem des Zuckerrohrs (18 %). Die Zuckerrübe ist aber noch eine junge Kulturpflanze, die erst zu Beginn des 19. Jahrhunderts entstanden ist. Dann aber begannen sich die landwirtschaftliche Produktion der Rübe, sowie deren weitere Verarbeitung, zunehmend zu industrialisieren. Der Zuckerertrag pro Hektar ist bei Zuckerrübe und Zuckerrohr nahezu gleich, allerdings ist die erzeugte Biomasse beim Zuckerrohr erheblich größer. Ein weiterer Vorteil des Zuckerrohrs liegt wohl außerdem in der langfristigen Nutzung der Plantagen.

Kommen wir nun zu den Stärkelieferanten! Je nach Erdteil, Klima und Boden werden die unterschiedlichsten Kulturpflanzen zur Stärkegewinnung angebaut. Verschiedene Getreidepflanzen wie: Weizen, Gerste, Roggen, Triticale, Mais und Reis sowie die Feldfrüchte Kartoffel und Maniok bilden dabei die Schwerpunkte. Da Stärke ein Polysaccharid ist, kann sie wie Zucker zu Bioethanol vergoren werden. Bedeutende Herstellerländer von Maisstärke sind Brasilien und die Vereinigten Staaten.

Heute ist in vielen Ländern die Nutzung eines Anteils an Biokraftstoff oder konkret von Bioethanol in Kraftstoffen verpflichtend; in Deutschland heißt dieser Kraftstoff E10. Wie bereits erwähnt, ist aber insbesondere die Nutzung von Getreide für Biokraftstoffe oder als Heizrohstoff stark umstritten und moralisch bedenklich. Auch ist dieser Markt starken Schwankungen ausgesetzt, da er von den Getreidepreisen des Weltmarktes abhängig ist.

Meiner Meinung nach wird die Bedeutung von Biomasse als Energieträger, insbesondere in Deutschland und den anderen Industrieländern, erheblich überschätzt. Es gibt in diesen Ländern viel zu wenig Ackerfläche zum Anbau von Kulturpflanzen, um den ständig wachsenden Energiehunger auch nur teilweise damit zu decken. Sicher ist es ein Baustein im Puzzle der Energieversorgung, der seine Bedeutung hat. In Deutschland werden jährlich etwa 53 Millionen Tonnen Biomasse geerntet. Darunter sind auch Raps, Mais, Zuckerrüben und andere Kulturpflanzen die zur Bioenergieherstellung verwendet werden können. Nur etwa 10 % dieser Biomasse stehen als nachwachsender Rohstoff der Bioenergie-Produktion zur Verfügung, der Rest von 90 % wird in der Nahrungs- und Futtermittelherstellung sowie in der Industrie verarbeitet. Rein rechnerisch kann mit diesen 10 % etwa 1,5 % des Energieverbrauchs in Deutschland abgedeckt werden – tatsächlich werden aber etwa 7 % der Energie aus Biomasse gewonnen, so die Berliner Mikrobiologin Prof. Bärbel Friedrich. Dies ist nur möglich, wenn „Biomasse" importiert wird. Für unsere Volkswirtschaft sind diese Importe landwirtschaftlicher Produkte sicher billig und somit wirtschaftlich. Diese Importe, die aber so auch von anderen Industriestaaten getätigt werden, führen dadurch zu einer künstlichen Verknappung von Lebensmitteln. Das wiederum führt zu Preiserhöhungen, die insbesondere die Bevölkerung dieser Importländer trifft, also Entwicklungs- und Schwellenländer. Auch muss darauf hingewiesen werden, dass Pflanzen keine besonders effizienten Nutzer von Sonnenenergie sind. Durch die Fotosynthese wird nur etwa 1 % der Sonnenenergie in Biomasse umgewandelt. Nur können letztendlich etwa 0,2 % als Energie gewonnen werden. Andere Verfahren zur Nutzung von Sonnenenergie sind da weitaus effizienter – Solar- und Fotovoltaik-Technik wandeln beispielsweise bis zu 10 % der Sonnenenergie in Strom- oder Wärmeenergie um. Eine bessere Energiebilanz lässt sich bei nachwachsenden Rohstoffen nur mit Hilfe biologischer Abfälle sowie durch die Nutzung von Holz erzielen. Aber auch in diesem Bereich sind chemisch, physikalisch und umwelttechnisch noch sehr viele Probleme zu lösen, um wirklich von Effizienz, Nachhaltigkeit und auch einer positiven Energiebilanz reden zu können.

Dies sind sicher keine Gründe zur Abkehr von nachwachsenden Rohstoffen, aber bitte mit Sinn und Verstand, ohne Populismus und immer mit wahren und nachvollziehbaren Fakten.

22. Der Tod der Glühlampe

Die Glühlampe, im Volksmund Glühbirne genannt, soll sterben – so will es die EU. Und wie bei so vielen Entscheidungen der EU, wurde auch hier gegen den Willen der Bevölkerung eine rein technokratische Entscheidung getroffen.

Die Glühlampe ist die erste bedeutende Erfindung zur Anwendung von elektrischem Strom. Die ersten Glühlampen stammen aus den 1840-er Jahren und hatten Glühfäden aus Platin; aus ihnen wurde kein marktfähiges Produkt, da die Lichtausbeute einfach zu gering war. Der US-amerikanische Erfinder und Unternehmer Thomas Alva Edison, erfand dann im Jahr 1879 die Glühlampe heutiger Prägung. Es war wohl eine der bahnbrechendsten Erfindungen überhaupt, die Glühlampe. Brachte sie den Menschen doch nicht nur Licht in jeden Raum, sondern war auch Triebfeder der Elektrifizierung.

Die physikalischen Eigenschaften und das Funktionsprinzip von Glühlampen möchte ich hier nur anreißen. Auf jeden Fall produziert sie ein Licht, das wir als angenehm empfinden. Dabei nimmt aber das für uns wahrnehmbare Licht nur einen geringen Prozentsatz bei Umwandlung der zugeführten Elektroenergie ein. Der Hauptanteil liegt im unsichtbaren Infrarotbereich und wird als Wärme abgestrahlt. Was aber auch für Glühfaden verwendet wurden, und wie auch immer die technische Ausführung dieser Lampen war, sie lieferten ein Licht, das den Menschen gefiel. Und dies fast einhundertfünfzig Jahre lang! Bis es Weltverbesserern, Lobbyisten und der EU-Technokratie in den Sinn kam, dieses allgegenwärtige Leuchtmittel zu verbieten.

Zuvor hatte man schon seit 1924 alle Glühlampennutzer, also im Grunde genommen alle Menschen die elektrischen Strom haben, vorsätzlich hinters Licht geführt. Das Phoebuskartell, auch Glühlampenkartell genannt, hatte nur ein Anliegen: Für höhere Verkaufszahlen und somit größere Gewinne zu sorgen. Dieses, in Genf von allen international führenden Glühlampenherstellern geschlossene Kartell, trat nach außen als Typen- und Normenkartell auf, das nur die besten Absichten für den Verbraucher im Sinne hatte. In Wahrheit war den Produzenten aber die fast unbegrenzte Lebensdauer der Glühlampen ein Dorn im Auge. Also konstruierte man die Glühlampen so, dass sie eine Lebensdauer von 1 000 Stunden nicht überschritten. Wer Lampen mit längerer Lebensdauer fertigte, musste mit drastischen finanziellen Sanktionen rechnen. Außerdem wurde der Markt regional aufgeteilt, was eine beliebige Preisgestaltung der Hersteller ermöglichte. Die Glühlampe mit Wolframdraht, wie sie im Jahr 1911 von General Electric entwickelt worden war, wurde zwar prinzipiell beibehalten, aber mit einer Art „Sollbruchstelle" versehen. Auch wurden Wissenstransfer und uneingeschränkter Patentaustausch zwischen den Mitgliedsfirmen ebenso beschlossen, wie Abgleichung der Produktionsmethoden und Vereinheitlichung von Lampenfassungen und -Sockel. Letzteres war das einzig Gute an diesem Kartell. Nach dem Eintritt der USA in den Krieg im Jahr 1941, verschwand das Kartell offiziell. Für die Ansicht, es habe bis in die 1990-er Jahre weiter existiert oder bestehe sogar noch heute, gibt es weder Beweise noch Gegenbeweise.

Inoffiziell hat sich bei der Lebensdauer bis heute nichts geändert. Zumindest in der westlichen Welt. Es gibt dazu viele Verschwörungstheorien, Beweise und Gegenbeweise werden aufgefahren. Fakten sind: In der Sowjetunion und Ungarn gab es immer Birnen mit längerer Lebensdauer, die chinesische Birne brennt heute noch 5 000 Stunden. Dieses Kartell, egal wie lange es bestanden hat oder auch noch besteht, hat dem Verbraucher auf jeden Fall viele Milliarden gekostet.

Zu jedem Argument findet man auch ein Gegenargument, wenn man nur lange genug sucht. Dem schlechten Wirkungsgrad einer Glühbirne muss man auch die geringen Herstellungskosten, den geringen Materialaufwand, die mögliche lange Lebensdauer und die umweltfreundliche Entsorgung entgegenhalten. Und die Wärmestrahlung reduzierte die Heizungsenergie in Wohn- und Arbeitsräumen. Alles keine Argumente für Umweltschützer und EU-Technokraten. Auch nicht, die Erfindung des Berliner Elektroingenieurs Dieter Binninger. Dieser war kein Spinner, sondern ein anerkannter Entwickler und er beschäftigte sich mit der sogenannten „Ewigkeitsglühbirne", nicht zu Energiespareffekten und Wirkungsgraderhöhungen. Binninger war auch Uhrmacher und hatte im Jahr 1975 die Berliner-Uhr entwickelt. Dies ist eine Uhr ohne Zeiger, die mittels Glühlampen im Mengenlehreprinzip die Zeit anzeigt, also ein Vorläufer der digitalen Uhr. Diese Uhr funktioniert, übrigens bis heute, einwandfrei. Binninger hatte nur Probleme mit der Wartung, da die Glühlampen laufend durchbrannten. So machte er sich an die Entwicklung einer neuartigen Glühlampe mit langer Lebensdauer und es hat den Anschein, als ob er sehr erfolgreich war. Die Lebensdauer sollte nach seinen Angaben 150 000 Stunden betragen. Seine wesentlichen Verbesserungen lauten: Eine neue Form des Glühfadens, ein edelgasgefüllter Glaskolben sowie eine Diode als „Dimmer". Aber die Leuchtmittelindustrie lehnte ab – wohl kein Interesse an Lampen mit „ewiger Lebensdauer". Aus Sicht dieses Industriezweiges ist diese Reaktion wohl nachvollziehbar, wer sägt schon freiwillig den Ast ab, auf dem er sitzt. Viele Jahre führte Binninger einen aussichtslosen Kampf. Ich kenne das: siehe auch mein Buch „Deutschland (k)ein Erfinderland". Erst mit der

Wiedervereinigung sollte Binninger seine Chance bekommen. Der ungarische Lampenhersteller Tungsram, der schon immer Lampen mit längerer Lebensdauer produziert hatte, bot sich als potentiellen Partner an. Tungsram war zu dieser Zeit gerade von General Electric übernommen worden. Um die Marktpräsenz zu erweitern, wollte Binninger auch 1991 den DDR-Glühlampenhersteller Narva von der Treuhand kaufen und in eigener Regie führen. Kurz vor der Übernahme des Betriebes kam Dieter Binninger bei einem Flugzeugabsturz in der eigenen Propellermaschine, zusammen mit seinem Sohn und seinem Piloten, auf ungeklärte Weise ums Leben.

Heute sind Binningers Patentrechte lange erloschen. In einigen Publikationen ist davon die Rede, dass die von Binninger gepriesenen Vorteile seiner „Ewigkeitsglühbirne" nicht belegt werden konnten. Es seien fachliche Fehler in den Patenttexten bei der Effizienz- und Lebensdauerberechnung vorhanden gewesen. Wer auch immer dieses „Gerücht gestreut hat", derjenige hat entweder bewusste Falschinformation betrieben oder aber von gewerblichen Schutzrechten keine Ahnung, denn derartige Berechnungen sind grundsätzlich kein Bestandteil von Patenttexten. Und mit diesem Totschlagsargument das Desinteresse der Leuchtmittelindustrie zu begründen, ist mehr als abenteuerlich.

Auch ist es schwer, eine solche Lebensdauer ernsthaft bestimmen zu wollen. 150 000 Stunden sind immerhin 6 250 Tage und somit über siebzehn Jahre – solche Zeiträume kann man „verschleißtechnisch" sehr schwer simulieren und auch berechnen. Auch wäre es etwa die einhundertfünfzigfache Lebensdauer der gemeinen Glühlampe; das Zehnfache wäre auch schon ein rasanter Fortschritt.

Die neuen Energiesparlampen, insbesondere Kompaktleuchtstofflampen, sollen ja auch eine erheblich größere Lebensdauer haben als die Glühlampen; ich habe davon noch nichts bemerkt, meine haben bisher auch nicht länger „gelebt" als Glühlampen. Man könnte dies als Entwicklungsprobleme abtun, wenn da nicht der etwa zehnmal höhere Aufwand an Energie zur Fertigung wäre. Aber irgendwas ist ja immer, sagt ein modernes, geflügeltes Sprichwort. Aber bei der Kompaktleuchtstofflampe ist nicht nur „irgendwas": Keine erheblich längere Lebensdauer, schlechte Energiebilanz bei der Herstellung, nicht das Licht, das wir uns wünschen, erheblich Probleme bei der Entsorgung, teuer und vom Design auch kein Bringer. Und trotzdem war die EU-Kommission der Meinung, uns vom Technik- und Kulturerbe Glühlampe erlösen zu müssen. Über die wahre Energiebilanz von Energiesparlampen und

Glühlampen möchte ich hier keinen Exkurs geben, diese Gegenüberstellung wäre sicher hier fehl am Platz.

Aber die EU-Kommission ist eisern mit ihrer Ökodesign-Richtlinie 2005/32/EG von 2008 und will die Glühlampe endgültig aus unserem Leben tilgen. Obwohl, für das Jahr 2014 ist geplant, die Regelung auf den Prüfstand zu stellen, das Ergebnis kann ich wohl vorweg nehmen: Unsere Lampenhersteller wollen keine Glühlampen mehr, dann wird es auch keine mehr geben.

Aber wie so oft hat auch diese Geschichte einen Pferdefuß. Zuerst wurden, wie inzwischen üblich, gravierende handwerkliche Fehler bei dem EU-Gesetz gemacht. Gesetzeslücken lassen es zu, dass stoßfeste Bauspeziallampen, hitzebeständige Lampen für Wärmeöfen sowie Designlampen für Dekorationszwecke weiter als Glühlampen gefertigt werden dürfen. Das Ergebnis dieser Sonderregelung war wohl vorhersehbar – erste Anbieter haben begonnen, diese legalen Lampen als Ersatz für die verbotenen Lampen zu modifizieren.

In einigen europäischen Ländern versuchen derzeit Geschäftsleute die Glühbirne als Heizelement auf dem Markt zu halten. Wie die Gerichte dazu endgültig entscheiden werden, ist noch offen. Das EU-Glühlampenverbot hat durchaus das Zeug zur unendlichen Geschichte: Politik und Wirtschaft in Lobby gegen die geballte Verbrauchermacht. Verschwinden wird die Glühlampe, allen Gesetzen zum Trotz, sicher erst wenn die Verbraucher sie nicht mehr wollen, weil es bessere Lichtquellen gibt.

23. CELTEE

Es war im Jahr 2004 (26. Dezember), als der mächtige Tsunami im Indischen Ozean mindestens 231 000 Tote im asiatischen und afrikanischen Raum forderte und die Welt erschütterte. Diese Naturkatastrophe war für den Erfinder Walter Loidl Auslöser für eine zündende Idee. Es sollte eine ausschließlich mit Sonnenenergie betriebene Wasseraufbereitungsanlage entwickelt werden, denn wenn es eines in der Krisenregion zur Genüge gab, dann war es die gnadenlos vom Himmel brennende Sonne. Diese Trinkwasseranlage sollte außerdem transportabel sein, technisch unkompliziert und sie sollte sich entsprechend des Bedarfs selbstständig ein- und ausschalten. Eine Mammutaufgabe, schier unlösbar sollte man meinen! Aber dafür gibt es Erfinder, die lösen technische Probleme, die eigentlich von Fachleuten als unlösbar angesehen werden, denn Erfinder werden getrieben von der Neugier und begleitet von Ideenreichtum. Um eine solche Meerwasserentsalzungsanlage zu entwickeln, die nach dem physikalischen Prinzip der Umkehrosmose arbeiten sollte, musste ein Antriebsmedium für die Hochdruckpumpe als Kernstück der Anlage gefunden werden, das den genannten Anforderungen Rechnung tragen konnte. Gesucht wurde ein Stoff, der den nötigen Druck über eine Temperaturdifferenz erzeugen konnte. Diese Temperaturdifferenz sollte sich im Rahmen des Niedrigtemperaturbereichs bewegen. Gesucht wurde also ein Stoff mit Dehnungsanomalie – gefunden wurde CO_2. Keine Erfindung, auch keine Entdeckung, diese hatte Prof. Dr. Andreas Freiherr von Baumgartner in seinem 1835 erschienenen Werk „Die Naturlehre nach ihrem gegenwärtigen Zustande mit Rücksicht auf mathematische Begründung" schon vorweggenommen. Er schrieb in seinem Kapitel über die Dampfmaschinen: „Endlich muss nach einer Maschine gedacht werden, in welcher man statt der Wasserdünste tropfbare Kohlensäure anwendet, die unter gewissen Umständen ausdehnsam wird und mit ungeheurer Kraft auf einen Kolben wirkt. Es ist kein Zweifel, dass solche Maschinen an Kraft alle sogenannten Dampfmaschinen weit übertreffen würden, wenn nicht besondere Umstände ihre Entwicklung schwierig machten." Die Schwierigkeiten damals, vor über 175 Jahren, waren zum einen die Bereitstellung von reinem CO_2 sowie zum anderen, die unzureichenden Fertigungstechniken in der Metallbearbeitung. Später, als diese Hauptprobleme beseitigt waren, hatte man wohl die Möglichkeiten, die CO_2 energetisch bietet vergessen, verdrängt oder aber bewusst außen vorgelassen. Der Ingenieur Walter Loidl hatte dieses faszinierende Arbeitsmedium wiederentdeckt. Er entwickelte daraus das „Herzstück" des Antriebs- beziehungsweise Arbeitskonzeptes, das erst „Aktivspeicherung von CO_2 im CO_2 Motor" genannt wurde. Später wurde daraus CELTEE (Clean Energy Low Temperature Emissionsfree Engine).

Die erste Maschine wurde am 6. November 2009, um 10:06 Uhr, zum ersten Mal eingeschaltet und ist auch auf Anhieb – sehr langsam – aber ohne Probleme gelaufen. In der Folge kam es zu einem Streit über die Besitzrechte der Erfindung, die jedoch durch einen diesbezüglich unanfechtbaren Vertrag beim Erfinder verblieb. Die erste Maschine steht immer noch unberührt am Ort ihres Entstehens. Der Erfinder W. Loidl, von Beruf Ingenieur, tat sich mit dem gestandenen Erfinder R. Stagl zusammen. Der ist Maschinenbautechniker und hat schon Fluggeräte erfunden, entwickelt und gebaut. Gemeinsam wollten sie fortan CELTEE zum Durchbruch verhelfen.

Aber arbeiten mit kostenloser Energie, umweltfreundlich, klimaneutral, autark und preiswert – wer will das schon?

Die Wirtschaft jedenfalls nicht, die Politik auch nicht unbedingt, denn wie sollte man dann die gewaltigen Steuerausfälle kompensieren? Und die Wissenschaft? Wieder einmal lernten zwei herausragende Erfinderpersönlichkeiten die Verharrungskräfte unserer modernen Gesellschaft kennen, insbesondere auch die der Wissenschaft. Wissenschaftliche Dogmatiker und Fundamentalisten, die ihre Karriere höher bewerten als den Fortschritt, bremsen aus und versuchen Erkenntnisse, die Ihrem Arbeitsgebiet entgegenstehen, im Keim zu ersticken. Dann aber gelang den Beiden ein bedeutender Zwischenerfolg. Der Physiker und ausgewiesene Experte der Thermodynamik, Strömungsmechanik und Wärmeübertragung für Kraft- und Arbeitsmaschinen, Prof. Dr. - Ing. Klaus Nitsche, nahm sich der Problematik an. Es wurde ein funktionsfähiger Prototyp einer Anlage mit zwei Arbeitszylindern gebaut, der die Funktionsfähigkeit der Erfindung als Kreisprozess einer Arbeitsmaschine in seiner Funktion bestätigte. Im Jahr 2009 wurde von dem Wissenschaftler ein Gutachten erstellt, dessen Plädoyer lautete: „…wir arbeiten mit kostenloser Energie!" Auf Grund des Patentschutzes für die CELTEE-Technologie möchte ich hier keine weiteren technischen Details preisgeben. Trotzdem hege ich die Hoffnung, dass sich Interessenten finden, die die beiden Erfinder auf ihrem weiteren Weg unterstützen werden.

Auch hege ich die Hoffnung, dass sich Presse und Medien fachlich, konstruktiv und vor allem loyal und kompetent mit derartigen Erfinderthemen und neuen technologischen Ansätzen auseinandersetzen und nicht nochmals dem Hummel-Paradoxon unkritisch anheimfallen. Denn, dass eine Hummel gemäß physikalischer Gesetze eigentlich nicht fliegen kann, es aber nur noch nicht weiß, ist ein Wissenschaftsscherz der 1930-er Jahre und physikalisch widerlegt. Die Hummeln müssen das also eigentlich nicht wissen, die Fortschrittsbremser und Beharrer aber müssen erkennen, dass wissenschaftliche Erkenntnisse nicht zementiert sind, sondern sich in einem kontinuierlichen Entwicklungsprozess befinden.

Diesen Text habe ich aus meinem Buch „Deutschland (k)ein Erfinderland" übernommen, er ist jetzt etwa ein Jahr alt. Inzwischen haben die CELTEE-Erfinder Loidl und Stagl einen weiteren bedeutenden Schritt getan: Sie haben seit März 2012 eine Anlage mit zwölf Arbeitszylindern gebaut, die voll funktionsfähig ist, als Stromerzeuger aber leider noch nicht einsatzfähig, da sie noch keine passende Steuerung haben. Es fehlt den Erfindern derzeit schlicht das Geld, um eine vollfunktionsfähige Anlage zur Stromerzeugung zu entwickeln, zu bauen und dann eine Serienreife zu erreichen.

24. Energy Harvesting – Energie aus alltäglichen Quellen

Ich bin kein Freund von Anglizismen, mitunter ist es aber nicht zu vermeiden sie einzusetzen, um verstanden zu werden, denn für manch einen Begriff gibt es einfach noch keinen deutschen Pendant.

Als Energy Harvesting (wörtlich übersetzt Energie-Ernten) bezeichnet man die Gewinnung kleiner Mengen von elektrischer Energie aus alltäglichen Quellen. Dies könnten unter anderem folgende Energiequellen sein: Umgebungstemperaturen, Wärmeabstrahlungen, Vibrationen und Luftströmungen aus kleinen elektrischen Geräten, regelmäßig genutzte mechanische Geräte wie Hometrainer, Licht, Temperaturänderungen, elektromagnetische Funkwellen und viele mehr.

Nun könnte die Meinung aufkommen, was denn dieses Kleinzeug bringen soll. Dem halte ich entgegen „Kleinvieh macht auch Mist". Wenn nur jeder Haushalt seine Handys über Energy Harvesting laden würde, wäre das ein erster Schritt. Besser wäre natürlich der Betrieb von vielgenutzten Haushaltsgeräten wie Kühlschränken, Radios, Fernsehern oder Computern.

Dabei ist diese Art der Energiegewinnung wirklich nichts Neues. Seit dem Jahr 1926 gibt es Armbanduhren mit Automatikwerk. Darunter versteht man ein mechanisches Uhrwerk, bei der die Uhrfeder bei jeder Armbewegung des Trägers durch einen Rotor in kleinen Schritten selbständig aufgezogen wird. Leider haben elektrische Quarzwerke in Armbanduhren die Automatikwerke, wie auch die Handaufzugswerke, weitgehend verdrängt. Aber immer mehr Menschen erkennen die Vorteile der Automatikuhr aufs Neue. Ein Quarzuhrwerk für analoge Armbanduhren ist eine Entwicklung und eine Modeerscheinung, die keiner wirklich braucht, wenn man den Umweltfaktor als Maßstab nimmt.

Um Licht in elektrische Energie umzuwandeln, gibt es seit einigen Jahren preiswerte und kleine mobile Fotovoltaik-Ladegeräte mit unterschiedlicher Leistung. Damit lassen sich problemlos Handy, Laptop, Netbook und Co aufladen. Es stellt sich mir nur die Frage, warum kein Hersteller solche Fotovoltaik-Ladeanlagen gleich in die Geräte integriert. Selbst künstliches Licht könnte über Fotovoltaik genutzt werden, um aus dem Licht, das aus elektrischem Strom erzeugt wurde, wieder Strom zu gewinnen.

Mechanische Fitnessgeräte aller Art könnten kleine Generatoren antreiben, die Strom produzieren, der gleich im Haushalt verbraucht werden könnte. Bei Flächen, die viel genutzt werden, um Tischtennisplatten herum, unter Möbelfüßen und so weiter, könnte der Druck als Krafteinwirkung genutzt werden, um mittels Piezoelementen Spannungen zu erzeugen. Solche Lösungen wären sicher auch für Sporthallen-Fußböden oder für die Bereiche von Steharbeitsplätzen denkbar. Ladeflächen von Fahrzeugen könnten auf diese Weise dazu dienen Strom zu erzeugen, der für den Antrieb von E-Motoren genutzt werden könnte. Der technischen Kreativität sind hier wohl kaum Grenzen gesetzt.

Bade-, Dusch- und Spülwasser könnte nach dem Gebrauch die Wärme entzogen werden, oder durch thermoelektrische Generatoren oder pyroelektrische Elemente könnten auftretende Temperaturdifferenzen in elektrischen Strom umgewandelt werden. Gleiches trifft auch auf Wärme am heimischen Kochherd zu. Der thermoelektrische Effekt, der nach seinem Entdecker Thomas Johann Seebeck auch Seebeck-Effekt genannt wird, ist seit 1821 bekannt. Dieser Effekt beruht darauf, dass zwischen den Enden einer Metallstange eine elektrische Spannung entsteht, wenn in der Stange ein Temperaturunterschied herrscht. Seebeck entdeckte diesen Effekt und entwickelte daraus den sogenannten Seebeck-Generator. Er nahm zwei elektrische Leiter unterschiedlichen Materials und verlötete beide. So wurde der Effekt der Spannungserzeugung bei Temperaturunterschied an beiden Leitern verstärkt. Eine besonders anzuerkennende Leistung, da Seebeck zwar auch Physiker war, von Elektronen und deren Fluss aber noch nichts wusste. Trotzdem fanden sich kaum Nutzer. Allerdings ist überliefert, dass die Sowjetunion in den 1950-er Jahren einen Seebeck-Generator entwickelt hatte, der eine Lampe oder ein Radio mit Strom versorgen konnte. Große Stückzahlen sollen davon gebaut worden sein, um in abgelegenen Regionen ohne Elektrizität, ein wenig Komfort und Flair der neuen Zeit, in die sonst armseligen Hütten zu bringen.

Auch kann über Antennen die Energie von Funk- und Radiowellen sowie anderer elektromagnetischer Strahlung aufgefangen und energetisch genutzt werden.

Das Induktionsgesetz könnte besonders Musikliebhabern die Möglichkeiten bieten, Schallwellen zu nutzen, um über das elektrodynamische Wandler-Prinzip Strom zu erzeugen.

Gleiches gilt für osmotische und biochemische Prozesse im heimischen Umfeld, die zur Energiegewinnung genutzt werden könnten.

Analoge Anwendungen von Energy Harvesting sind sicher auch an Arbeitsplätzen sowie im Arbeitsumfeld realistisch.

Und natürlich bei unserem liebsten Kind, dem Auto! Warum gibt es noch keine Autos, die ab Werk mit Fotovoltaik ausgestattet sind? So könnte während der Fahrt der Akku aufgeladen werden und sich somit der Aktionsradius erheblich erweitern. Durch bloßes Parken würden die Akkus auch wieder aufgeladen und auch Hybridfahrzeuge würden davon profitieren. Ein Schelm wer denkt, dass zu viel Strom- und Kraftstoffersparnis das Steuersäckel ganz erheblich schmälern könnte-würde-täte.

Energy Harvesting ist autarke Energieversorgung und die bringt dem Staat keine Steuern und der Energie- und Rohstoffwirtschaft keine Umsätze und Gewinne.

Aber die „Energie-Ernte" wird kommen, wird überall einziehen, es ist nur eine Frage der Zeit, nicht eine des guten Willens von Regierungen und Wirtschaftslobby. Nichts scheint unmöglich, nichts wird tabu sein. Besonders auch für alle Arten von Sensorik, besonders da, wo eine konventionelle Energieversorgung der Sensoren schwierig ist, wird Energy Harvesting den Strom liefern.

Besonders an Fahrzeugen aller Art, ob zu Wasser, zu Lande oder in der Luft, ergeben sich besonders viele – unendlich viele – Energie-Ernte-Möglichkeiten. Denn wo sich etwas schnell bewegt, treten fast alle Formen von nutzbarer Primärenergie auf. Und selbst passiv kann diese erzeugte Primärenergie noch genutzt werden. Der französische Autobahnbetreiber der Auto-Route Paris-Rhin-Rhône etwa, testet an der Autobahn A6 südlich von Paris eine Windkraftanlage, die Strom aus dem Fahrtwind vorbeifahrender Autos gewinnt. Damit können dann Informationstafeln betrieben werden. An Ampelanlagen könnten entsprechende Technologien in der Fahrbahn die Brems- und Anfahrtsenergie der Fahrzeuge dazu nutzen, um diese Anlagen zu betreiben.

Auch in der Medizintechnik haben diese Energy Harvesting-Prozesse sicherlich eine große Zukunft. Als Beispiel soll der Herzschrittmacher dienen, dessen Batteriewechsel alle zehn Jahre ansteht. Zukünftig könnte die benötigte Energie autark aus biologisch-chemischen Prozessen gewonnen werden oder auch aus kleinen mechanischen Automatikuhrwerken.

Dynamoähnliche Energiewandler für Jackentasche oder Rucksack erzeugen aus der Bewegungsenergie der Körperbewegung elektrische Energie, die die mobile Elektronik wie Handy, Table-PC, MP3-Player, Kamera und Navigationsgerät mit Strom versorgen.

Eine besonders reiche und schier unerschöpfliche, Energie-Ernte stellen uns aber die Meere und Ozeane bereit. Ob Temperaturdifferenzen, beispielsweise aus Sprungschichten oder dem Golfstrom, Gezeitenkräfte, Wellenkräfte und Meeresströmungen, die Vielfalt der sich anbietenden Naturgewalten in Form von Primärenergien ist groß und das Potential unermesslich. In Zukunft wäre es sicher auch denkbar mit Spezialschiffen auf die Meere und Ozeane zu fahren, und mit entsprechenden Technologien Energie zu gewinnen. Dazu müssen aber erst noch effiziente und wirtschaftliche Energiespeicher entwickelt werden. Bei ständig weiter steigenden Energiepreisen, in Verbindung mit ständig knapper werdenden fossilen Energieträgern, sicher keine Utopie. Diese Schiffe könnten umweltfreundlich angetrieben werden, zum Beispiel mit dem Flettner-Rotor, und könnten außerdem die selbstgewonnene Energie zum Antrieb nutzen. Auch ließen sich mit modernen Technologien und Antrieben Schiffe bauen, die nur noch 25 % der Energie unserer heutigen Ozeanriesen benötigten. Vollkommen cleane Energie ließe sich so gewinnen und auch Unabhängigkeit von allen Rohstoffmärkten. Die Spezialschiffe würden ihre Energiespeicher vollladen und dann zurück in ihren Heimathafen fahren oder zu einem anderen naheliegenden Hafen. Dort würden sie die gespeicherte Energie in Strom wandeln und wie ein Kraftwerk an das öffentliche Netz abgeben. Sind die Speicher leer, geht die Fahrt wieder zurück aufs Meer. Auch könnten entsprechende Energiespeicher an Land angelegt werden, die die „Schiffsenergie" aufnehmen. Um die entsprechenden Liegezeiten der Schiffe zu verkürzen, müssten die Energiespeicher als Container ausgeführt werden, die dann einfach getauscht werden.

Fiction – Spinnerei? – sicher nicht! Ich kann zwar keine Kapazitäts- und Wirtschaftlichkeitsberechnungen dafür vorweisen, das wäre auch nicht Anliegen dieses Buches. Aber derartiges Energie Harvesting ist in Zukunft technisch machbar – es stehen diesen Entwicklungen heute nur die Rohstoff- und Energielobbys im Wege. Und wer kann es denen verdenken?

Diese Aufzählungen ließen sich noch um einige Anwendungen erweitern und bis dieses Buch in Ihren Händen liegt, sind sicherlich schon wieder neue hinzugekommen. Kleine Mini-Kraftwerke auf Energy Harvesting Basis sind die Zukunft. Sie werden bisher batteriebetriebene Geräte mit Strom versorgen und sie werden sicher auch einige, heute noch netzabhängige Geräte, zukünftig mit Strom versorgen. Dazu muss vor allem aber auch kontinuierlich an der Senkung des Stromverbrauchs dieser Geräte gearbeitet werden. Nur mit autarker Stromversorgung aus umweltfreundlichen, regenerierbaren Energien lässt sich der netzabhängige Stromverbrauch auch dauerhaft senken.

25. Wasser – das Lebenselixier dieser Welt

Über die Primärenergie des Wassers im flüssigen Aggregatzustand habe ich bereits berichtet.

Aber dieses Elixier allen Lebens hat mehr zu bieten. Wasser, diese chemische Verbindung aus den Elementen Wasserstoff und Sauerstoff, kommt als einzige auf der Erde in allen drei Aggregatzuständen vor.

Betrachten wir die chemischen Bestandteile des Wassers, so stellen wir fest, Wasserstoff ist ein leicht brennbares Gas und Sauerstoff ist ein Gas, das die Verbrennung fördert. Zersetzt man Wasser elektrolytisch, so entsteht das sogenannte Knallgas, bestehend aus H_2 und O_2. Dieses Gas kann kontrolliert verbrannt werden, zum Beispiel in einer Brennstoffzelle. Technisch machbar wäre, dass mit Knallgas sowohl die Kolben eines Verbrennungsmotors angetrieben werden oder aber das thermodynamische Potential der Gibbs-Energie (freie Enthalpie) zur Wärme oder Stromerzeugung genutzt werden könnte.

Theoretisch wäre es also für Kraftfahrzeuge möglich Wasser zu tanken und damit zu fahren. Mir persönlich ist ein Entwickler bekannt, der nach eigenen Aussagen bereits in den 1940-er Jahren solch einen Motor konstruiert, gebaut und zum Laufen gebracht hat. Wo diese Konstruktionsunterlagen abgeblieben sind, darüber lässt sich nur spekulieren. Mein guter Bekannter wurde nach seiner Zeit in der Entwicklung bei den Junkerswerken für mehrere Jahre von den sowjetischen Besatzungstruppen in „Zwangsforschungshaft" genommen. Technisch, physikalisch und chemisch betrachtet ist es möglich, Wasser elektrolytisch in Knallgas zu wandeln und dieses für energetische Zwecke zu nutzen. Sicher ist dies eine hochkomplizierte Prozesstechnologie – aber sie wäre machbar. Aber will man dies? Finanzminister in aller Welt sicher nicht und Rohstoff- und Energiekonzerne auch nicht.

Chemieprofessor Daniel G. Nocera sieht dies ganz anders. Er sieht Wasserstoff als idealen Energieträger und so kam er auf die Idee, die Wasserspaltung der Fotosynthese nachzuahmen. Nach langwierigen Versuchen und Experimenten dann der Durchbruch: Kobalt- und Phosphatpulver in ein Gefäß geben, Wasser dazu und zwei Elektroden in das Gemisch, dann Strom zuführen. Mit diesem chemischen Kunstgriff machte der Professor die seit zirka zweihundert Jahren bekannte, aber aufwendige Wasserelektrolyse effizient und wirtschaftlich.

Prof. Nocera sagt selbst zu seiner Entdeckung: „Das ist vielleicht nicht der leistungsfähigste Weg Wasser zu spalten, aber es ist der billigste und robusteste, den wir bislang kennen."

Was aber meint er mit robust? Ganz einfach – sein System funktioniert mit jedem Wasser über Monate hinweg, ohne Leistungsabfall. Noceras Chemie-Cocktail lagert sich als Schicht an den Elektroden ab, zerfällt aber in regelmäßigen Abständen wieder und baut sich von selbst wieder neu auf. „Selbstheilungskräfte" attestiert er seinem Katalysator. Einen Pferdefuß hat seine Wasserelektrolyse aber allerdings bisher – er weiß angeblich bis auf den heutigen Tag nicht, wie sie chemisch funktioniert.

Aber seine Wasserelektrolyse funktioniert, und der Wasserstoff blubbert aus dem Chemie-Cocktail. Und das sogar mit sehr geringen Strömen, die von sehr preiswerten Solarzellen erzeugt werden können.

Noch hat diese Wasserstoffgewinnung des Chemikers Noceras einen langen Weg vor sich, bis sie einmal eine wirtschaftlich und technisch praktikable Lösung ist, wenn überhaupt. Aber ist es nicht eine grandiose Fiktion, eines Tages einen Wasserbehälter auf dem Dach zu haben, den man nur mit Wasser füllen muss, um elektrischen Strom zu bekommen? Wasser dafür gibt es genug, Sonne und Licht zur Elektrolyse auch – wie es mit den Katalysatoren ist, vermag ich nicht einzuschätzen. Aber autarke Energieversorgung kann doch nur für Entwicklungsländer gut sein, hört man als Statement aus den Industrieländern.

26. Autarke Energieversorgung

Zuerst müssen wir den Begriff Autarkie eindeutig für uns definieren, um nicht aneinander vorbei zu reden.

Autarkie kommt aus dem Griechischen und heißt *Selbstgenügsamkeit* und *Selbstständigkeit*. Wir verwenden das Wort für *Selbstversorgung* aus eigenen oder öffentlich zugänglichen Quellen.

Autarke Energieversorgung interessiert inzwischen sehr viele Menschen in aller Welt, Tendenz stark zunehmend. Die einen, weil sie keine andere Alternative haben, die anderen, weil sie sich unabhängig vom Monopol der Konzerne und auch des Staates machen wollen.

Erstere sind die Menschen in Entwicklungs- und Schwellenländern oder Menschen der Industrieländer, die in Regionen leben, die nicht öffentlich versorgt werden. Über die Energieversorgung in Entwicklungs- und Schwellenländern möchte ich hier keine Ausführungen machen, da dort wenig technische und finanzielle Möglichkeiten bestehen. Die Bewohner in abgelegen Regionen der Industriestaaten, zum Beispiel auf Almen und im Gebirge, fließen inhaltlich mit in die zweite Gruppe ein.

Aber was sind die Gründe, die Menschen in vollversorgten Gebieten dazu veranlassen, sich auf autarker Energieversorgung einzulassen? Ohne Energieversorgung sind wir in unserer „zivilisierten Welt" kaum überlebensfähig. Gesetze, Regeln und Verordnungen reglementieren das Zusammenleben, bringen uns aber auch in eine gefährliche Abhängigkeit. Denn ohne Energieversorgung funktioniert nichts mehr bei uns: Keine Heizung, kein öffentlicher Verkehr und Transport, keine Nahrungszubereitung, keine Körperpflege und auch keine Kommunikation. Besonders schlimm, wenn der elektrische Strom ausfällt. Dann bricht unser ganzes öffentliches Leben zusammen. Im Winter, bei Frost und längerem Stromausfall besteht sicher sogar Lebensgefahr. Die öffentlichen Stromnetze sind so ausgelegt, das Havarien an Leitungen und bei Erzeugern, bei geringen Einschränkungen, wohl keine gravierenden Auswirkungen haben. Gleiches gilt für die Versorgung mit Gas und Kraftstoffen. Hier gibt es Reserven, die angelegt wurden und die helfen können, viele Tage und Wochen zu überbrücken. Aber es gibt auch die Gefahr großer Naturkatastrophen, die Energieversorgungssysteme zusammenbrechen lassen oder gar zerstören können. Diese Risiken sind vielfältig: Langanhaltende Kälteeinbrüche mit sehr niedrigen Temperaturen sowie viel Eis und Schnee; gewaltige

Vulkanausbrüche, die für lange Zeit die Erde verdunkeln können; große Meteoriteneinschläge, Erdbeben, gewaltige Sonnenstürme, könnten solche Ereignisse sein, denen wir nichts entgegenzusetzen haben. Und dann sind da auch noch von Menschen gemachte Ereignisse: Nuklearexplosionen, Cyberkrieg, Mikrowellen-Krieg (hochenergetische Mikrowellen zerstören elektronische Bauteile und – Infrastrukturen).

Ich wohne direkt am Waldrand, aber Holz zu Wärmezwecken verheizen, kann ich nicht mehr. Fällt der Strom für die kleine Pumpe der Heizungsanlage aus, geht nichts mehr. Diese absolute Anhängigkeit verunsichert die Menschen und sie macht ihnen Angst. Absolut kritische Versorgungssituationen hatten wir bereits während der enormen Kälteperiode zum Jahresbeginn des Jahres 2012. Dass diese Engpässe mit der Abschaltung von Atomkraftwerken in Zusammenhang stehen, wird von Politik und Energiewirtschaft bestritten. Reserven standen angeblich in anderen EU-Ländern zur Verfügung – was aber wenn eine langanhaltende Kältewelle ganz Europa trifft? Strom ist nicht in Konserven zu kaufen und als Vorrat in den Keller zu stellen. Bei längerem Stromausfall in größeren Gebieten, besonders im Winter, kommt es schnell zu kritischen Situationen, besonders für alte und kranke Menschen sowie für Kinder. Alle Bestrebungen für autarke Lösungen werden ausgebremst, die Menschen beschwichtigt, aber auch schlicht hinters Licht geführt und das überall auf der Welt.

In der EU ist man besonders rigide. Umwelt- und Klimaschutz haben absolute Priorität. Da spielen die kleinen Ängste der Bürger keine Rolle. Früher mussten dazu als Argumentation das Waldsterben, das Ozonloch und heute der CO_2-Treibhauseffekt herhalten. Aber dazu kommen wir später.

Fakt ist, dass die Verkaufszahlen von kleinen mobilen und stationären Notstromanlagen (Stromerzeugungsanlagen) sowie von Kaminöfen und anderen Einzelöfen für nachwachsende Rohstoffe in Europa von Jahr zu Jahr erheblich ansteigen. Dafür muss es Gründe geben und die sind nicht nur im steten Preisanstieg von Strom, Gas und Öl zu suchen, denn die Preise von nachwachsenden Rohstoffen steigen analog. Und es ist auch nicht nur der romantische Effekt von prasselnden Kaminöfen, es sind evolutionäre und psychologische Aspekte, die die Menschen dazu bewegen Vorsorge zu betreiben.

In der Evolutionsgeschichte hat sich die menschliche Spezies so entwickelt, dass ihre Artgenossen existenziell darauf angewiesen sind, in stabilen Gruppengemeinschaften zusammen zu leben. Die Ursachen dafür müssen wir nicht lange suchen: Wir sind im Vergleich zu anderen Arten nicht besonders groß, nicht besonders kräftig, nicht besonders schnell und nicht besonders geschickt; wir haben keine besonderen Verteidigungsmechanismen und mit unseren Tarnmechanismen ist es auch nicht weit her. Unser Nachwuchs ist sehr langsam heranwachsend, sehr lange unselbstständig und auf Hilfe angewiesen. Um selbst zu überleben und unseren empfindlichen Nachwuchs groß zu bekommen, sind wir daher auf funktionierende Gruppengemeinschaften angewiesen. Diese durchschnittlichen und unterdurchschnittlichen körperlichen Eigenschaften und Voraussetzungen hat die Evolution mit einem genialen Trick kaschiert. Wir lernten Werkzeuge zu gebrauchen und zu denken. Unser Gehirn entwickelte sich weiter, wir fertigten Werkzeuge und entwickelten Kommunikationsstrategien: Bildsprache, Sprache und die Schrift. Im Laufe der Jahrtausende entstand daraus das, was wir unsere „Kultur" nennen.

Die menschliche Art, von der man annimmt, dass sie in Afrika entstanden ist, breitete sich über die ganze Erde aus. Zuerst besiedelte sie die tropischen und subtropischen Gefilde, dann aber suchte sie sich auch Siedlungsraum in nördlichen Breitengraden. Dort waren die Lebensbedingungen anders als im Süden, wo es keine ausgeprägten Jahreszeiten gibt. Die Menschen mussten neue Überlebensstrategien „erfinden", um zu überleben. Sie mussten beginnen zu planen und Vorsorge zu betreiben, sonst konnten sie einen Winter nicht überstehen. So begannen sich unterschiedliche Mentalitäten zu entwickeln, die südländische Sorglosigkeit und die nordische Vorsorge, die mit einer gewissen Ängstlichkeit einhergeht.

Diese Entwicklung hat der nordischen Kultur eine emotionale Basis gegeben, die sie zu einer derzeitigen menschlichen „Hochkultur" gemacht hat. Damit verbunden ist aber auf der anderen Seite ein gewisser Verlust an Lebensfreude und Sorglosigkeit. Verantwortung ist der Begriff, der diese nordische Kultur prägt und die immer mit Ängsten durchsetzt ist. Das Gehirn dieser Menschen konnte nicht anders, es wurde so angstgesteuert und wird es bis heute und das ist gut so! Die Evolution entzieht sich dabei unserem Einfluss, so gebildet, aufgeklärt und logisch-rational wir uns auch fühlen mögen. Wir haben in unserem Hirn fest programmierte Vermeidungsstrategien, die als Schutzmechanismen dienen und unbeeinflussbar genetisch verankert sind. Es ist daher auch anzunehmen, dass die zahlreichen Sagen und Mythen des Nordens in einem kausalen Zusammenhang zu diesen Schutzmechanismen stehen. Es kann aber auch davon ausgegangen werden, dass der Erfindungsreichtum nordischer Völker auf diese Ängste und das überproportionale Vorsorge- und Sicherheitsbedürfnis zurückzuführen ist.

Heute leben wir in einer Gesellschaft in der uns diese Vorsorge immer mehr aus den Händen genommen wird. Die Bürger sind in Europa in eine Abhängigkeit vom Staat und seinen Institutionen sowie von kartellartigen Konzernstrukturen geraten, die eine zunehmende Gefahr für die wichtigsten Lebensfunktionen der Gesellschaft darstellt. Weitgehend sind wir auf die Lieferung von Trinkwasser, Energie und auch Lebensmittel angewiesen.

Die Lösung für dieses Problem, das durchaus existentiell werden kann, wäre eine teilweise autarke Versorgung. Die autarke und regionale Versorgung von Energie für den Körperstoffwechsel beginnt sich seit Jahren wieder mehr an diesem Aspekt zu orientieren. Regionale und ökologisch angebaute Lebensmittel sind auf dem Vormarsch und das ist gut so!

Bei der Versorgung mit Energieträgern und auch mit Wasser ist das Problem weitaus komplexer.

Kraftstoffe würden bei längerem Energieausfall schnell knapp werden, weil zum einen die Tankstellen nicht mehr einsatzbereit sind und auch Kraftstofflieferungen ein Problem darstellen.

Bei Wasser sieht es da nicht viel besser aus. Die entsprechenden Pumpstationen würden ohne Strom ihren Dienst einstellen und dem Wasserhahn wäre kein Tropfen mehr zu entlocken.

Selbst mit der Notdurft gibt es häufiger Probleme. Bei mir im Haus funktionierte deren Entsorgung bis vor kurzem mittels Schwerkraft. Nun hat man neue Abwasserleitungen verlegt und wir wurden gezwungen, eine Fäkalhebeanlage zu installieren um die Abwässer in die höhergelegene Leitung zu pumpen. Kein Strom – keine Entsorgung! So überlegen auch wir uns, ein Notstromaggregat anzuschaffen. Aber ob die preiswerten Geräte aus dem Baumarkt auch mehrere Tage oder sogar Wochen durchhalten würden, ziehe ich in Zweifel, nachdem ich mir einige dieser Geräte näher angesehen habe. Und ein professionelles Gerät kostet viel Geld, benötigt viel Platz und nicht zu vergessen, es muss regelmäßig gewartet werden, damit es im Notfall auch seinen Dienst tut.

Wie hilflos man ist, wenn der elektrische Strom ausfällt, hat sicher schon jeder Leser erlebt. Das trifft insbesondere auf den Winter zu: Schnell sind die Kerzenvorräte aufgebraucht, sehr schnell wird es auch kalt im ganzen Haus. Wer Babys hat, steht vor ganz besonderen Problemen. Die Batterien im Kofferradio sind auch leer und mit dem Handy muss man haushalten, wenn dessen Akkus leer sind war's das. Ich brauche dieses Szenario sicher nicht weiter auszuführen – jeder hat es wohl schon selbst erlebt. Gott sei Dank ist der Strom fast immer nach kurzer Zeit wieder da – aber wenn nicht? Bei Außentemperaturen unter 0 Grad Celsius haben sich nach etwa achtundvierzig Stunden die Raumtemperaturen den Außentemperaturen angeglichen. Einen Raum erwärmen, von Heizen ist da wohl nicht zu sprechen, können dann nur noch Kerzen und die Körperwärmeabstrahlung der Bewohner.

Außer man hat autarke Lösungen parat: Einen Kamin oder Kaminofen, Flüssiggasheizung, -kocher und -lampe, ein funktionsfähiges Notstromaggregat, ein Diesel- oder Benzinheizgerät. Auch eine kräftige Autobatterie und 12 Volt Geräte können hilfreich sein, ihre Leistungsdauer ist aber begrenzt wie auch ihre Lebensdauer ohne regelmäßige Wartung. Auch die vorhandenen Solar- und Fotovoltaik-Anlagen leisten sicher nur sehr beschränkt Dienst, nach Unwettern oder Katastrophen wird wohl auch die Sonne ihren Dienst meistens verweigern.

Neuerdings bieten einige Hersteller Kurbeldynamos an, mit denen man Radios betreiben oder ein Handy aufladen kann –eine gute und nicht teure Sache.

Es könnte zahlreiche autarke Energieerzeuger für den Notfall geben, gibt es aber nicht: Einen Seebeck-Generator für Licht und/oder Radio, einen Hometrainer, der Akkus zur Haushaltsversorgung auflädt. Andere Energieerzeuger wären technisch sogar geeignet, einen Haushalt ständig mit Strom zu versorgen – Kleinwindanlagen zum Beispiel. Die werden aber in Deutschland durch eine nicht vorhandene und damit der Behördenwillkür ausgesetzten Rechtslage ausgebremst; gleiches gilt für Kleinwasserturbinen.

Elektrischen Strom für den Eigenbedarf zu erzeugen ist schlichtweg unerwünscht. Die Abhängigkeit der Bürger hat System und Kalkül, politisch wie auch wirtschaftlich.

Eine andere, wohl sogar die bessere Lösung, wären effiziente Elektroenergiespeicher, allerdings zu bezahlbaren Preisen. Sie würde der Vorsorgementalität der Menschen entgegen kommen und könnte insbesondere bei Lieferengpässen als Puffer wirken. Dafür müsste man aber viel Geld in Forschung und Entwicklung investieren. Nach dem Solarproduzentendesaster in Deutschland, in dem Milliarden Euro Steuergelder verbrannt wurden, wohl eine überlegenswerte Investitionsstrategie. Übrigens wäre das auch mal eine, die dem Steuerzahler zu Gute käme und nicht nur der Industrie. Die hat trotz Branchenpleite ihr Scherflein längst im Trockenen.

27. Die Bionik – von der Natur lernen

Als Bionik bezeichnet man eine multidisziplinäre Wissenschaft, die sich mit der Erforschung und Entschlüsselung von „Konstruktionen und Prozesse der belebten Natur" beschäftigt und versucht, aus den gewonnenen Erkenntnissen innovative Techniken zu entwickeln. Bionik ist ein Kunstwort, gebildet aus Biologie und Technik. Es ist eine recht junge Wissenschaft, der erst durch den Einsatz leistungsfähiger Rechnersysteme der Durchbruch gelang.

Aber wir werden von der Bionik in Zukunft noch einiges zu erwarten haben. Energiegewinnung durch Bionik ist dabei wohl vorerst nicht in Sicht. Obwohl – israelische Forscher haben im schwarz-gelben Panzer der orientalischen Hornisse Pigmente gefunden, die aus Sonnenlicht Strom erzeugen können. Das sind praktisch tierische Solarzellen, die eine echte Spannung produzieren. Allerdings ist den Forschern bisher wohl noch unklar, wofür die Hornissen den Strom benötigen. Dafür können aber von der Natur abgeschaute Techniken und Technologien eine Menge zur Energieeinsparung beitragen. Beispielsweise können Fahrzeuge aller Art durch verbesserte aerodynamische Eigenschaften sowie durch Reduzierung des Reibungswiderstandes Kraftstoffe sparen. Durch die Natur inspirierte Dämmungssysteme können Wärme- und Kälteverluste mindern helfen. Termitenbauten werden erforscht, um Lüftungssysteme zu optimieren. Durch die Erforschung und Analyse von Konstruktionen der Natur, kann der Leichtbau vorangetrieben werden.

Dabei ist die Bionik nicht neu! Als großer Vordenker der Bionik gilt Leonardo da Vinci. Aber sicherlich haben sich die Menschen auch schon in vor- und frühgeschichtlicher Zeit an der Natur orientiert und sich die eine oder andere Inspiration von ihr geben lassen. Besonders bei der Entwicklung von Fluggeräten haben die Pioniere dieser Luftfahrzeuge sich ständig an den Vögeln orientiert.

Heute, als anerkannte Wissenschaft, ist die Bionik an vielen Entwicklungsprozessen beteiligt: Bei der Entwicklung neuartiger Profile für Autoreifen und spinnenfüßiger Roboter, bei der Selbstreinigung von Oberflächen mit dem Lotuseffekt, bei der Konstruktionen und Strukturoptimierungen von Bauteilen aller Art, durch Anlehnung an Knochen- oder Pflanzenstrukturen. Ich könnte diese Aufzählung noch lange fortsetzen.

Ebenso ist der allseits beliebte Klettverschluss den Klettfrüchten abgeschaut. Saugnäpfe haben Kraken, Käfer und Geckos zum Vorbild, Nebelfänger sind inspiriert von den Nebeltrinker-Käfern, Sonar und Echolot sind Navigationstechniken von Fledermäusen, Delfinen und Fischen und vom Propeller sagt man, er ist eine Anleihe von der Flügelfrucht des Ahorns.

Auch gibt es eine Vielzahl phänomenaler Leistungen aus dem Tier- und Pflanzenreich, die wir bisher kaum zu erklären wissen: Der Gleichgewichtssinn von Katzen; die Segelechse, die übers Wasser laufen kann; eine Glasschwammart, die bis 10 000 Jahre alt werden kann; der Seidenspinner, der angeblich Gerüche noch über zehn Kilometer wahrnimmt; der Barrakuda, der in drei Sekunden auf 80 Stundenkilometer beschleunigt; der Riesenmammutbaum, der einen Durchmesser bis zu 13 Meter und eine Höhe bis zu 120 Meter erreichen , über 2 400 Tonnen wiegen und über 3 000 Jahre alt werden kann; ein Honigpilz aus der Gattung Hallimasch ist das größte bekannte Lebewesen, es nimmt 900 Hektar Fläche ein. Auch diese Aufzählung ließe sich noch lange weiterführen und führt uns vor Augen, wie begrenzt unser vielgepriesenes Wissen wirklich ist.

Was ich damit sagen will: Viele Probleme mit denen wir uns beschäftigen und die Gegenstand von Forschungen sind, löst die Natur ganz unkompliziert – wir müssen ihr nur genau auf die Finger schauen. Walter Loidl hat dazu folgenden Satz formuliert, dem ich aus innerster Überzeugung nur zustimmen kann: „Wir schwimmen in einer Suppe aus Energie – wir müssen nur den Zugang zum Klemmbrett finden."

28. Druckluft

Der Vollständigkeit halber möchte ich auch Druckluft als Energieträger erwähnen. Der Einsatz von Druckluft, der als Pneumatik bezeichnet wird, erfolgt schwerpunktmäßig zum Antrieb von Werkzeugen und Werkzeugmaschinen. Die Pneumatik hat zahlreiche Vorteile, aber natürlich auch Nachteile. Besonders geeignet sind Druckluftwerkzeuge in explosionsgeschützten Arbeitsbereichen, da bei deren Einsatz keine Funkenentstehung zu verzeichnen ist. Allgemein gilt die Druckluferzeugung zu Arbeitsprozessen als teuer. Der Wirkungsgrad ist, bei der Kompression von Luft für Antriebe, erheblich niedriger als bei der direkten Verwendung von Elektroenergie für derartige Prozesse. Eine Zukunft könnte Druckluft allerdings beim Einsatz als Energiespeicher erhalten, denn wenn mehr Strom aus erneuerbaren Energiequellen erzeugt werden soll, muss diese auch zum Teil gespeichert werden. Druckluftspeicherkraftwerk heißen die Kraftwerke, die dazu dienen sollen, das Stromnetz zu regeln. Das bedeutet, bei Stromüberschuss wird Druckluft erzeugt, gespeichert und bei Bedarf kann die gespeicherte Druckluft Turbinen antreiben und so wieder Strom ins Netz einspeisen. Allerdings gibt es bisher nur zwei derartige Kraftwerke weltweit: das Kraftwerk Huntorf in Deutschland und das Kraftwerk McIntosh in den USA.

Dabei ist diese Kraftwerkstechnologie keine Neuheit, das Huntorfer Kraftwerk wurde bereits 1978, als weltweit erstes, in Betrieb genommen. Es hatte ursprünglich die Aufgabe, Grundlaststrom des nahegelegenen Kernkraftwerks Unterweser in Schwachlastzeiten aufzunehmen und in Spitzenlastzeiten ins elektrische Netz einzuspeisen. Außerdem soll das Speicherkraftwerk im Fall eines Netzzusammenbruchs die Notstromversorgung des Kernkraftwerks absichern.

Beim Bau der Anlage wurden in einer Tiefe zwischen 650 Meter und 800 Meter zwei Kavernen im Salzgestein ausgesolt. Sie haben ein Gesamtvolumen von zirka 300 000 Kubikmeter (bei einer zylindrischen Form mit 70 Meter Durchmesser und 200 Meter Höhe). Das aufgelöste Salz (Sole) wurde, von den zu solenden Kavernen, in die rund dreißig Kilometer entfernte Brackwasserregion der Weser geleitet. Um die Belastungen für die Fische in den Flüssen niedrig zu halten (denn schließlich wurden 300 000 Tonnen Salz herausgewaschen), dehnte man die Aussolung auf einen Zeitraum von knapp zwei Jahren aus, sodass der Salzeintrag pro Stunde für die Fische erträglich war.

Warum man diese Technologie nicht weiterverfolgt hat und auch mit dem Beginn der Nutzung von Windkraft und Sonne zu energetischen Prozessen keine weiteren derartigen Druckluftspeicherkraftwerke geplant oder errichtet hat, ist mir ein Rätsel. Zumal im nord- und mitteldeutschen Raum riesige Salzvorkommen, mit enormer Mächtigkeit der Flöze, vorhanden sind. Die benötigten Speicherräume würden sich heute sicher auch anders und vor allem umweltfreundlicher herstellen lassen, als damals geschehen. Zumal das gewonnene Salz selbst als Energiespeicher dienen könnte. Ich kann sicher nicht alle Aspekte eines solchen Kraftwerks beleuchten, auch kann das nicht Anliegen dieses Buches sein. Ich würde aber eine größere Umweltfreundlichkeit solcher

Kraftwerke gegenüber anderen Modellen (Kohle, Atom, Gas) in den Raum stellen wollen und das Kraftwerk unterliegt sicherlich einem vergleichsweise geringen Verschleiß- und Alterungsprozess, gegenüber allen anderen Varianten.

29. Freie Energie

Das Thema „Freie Energie", auch Raumenergie genannt, erhitzt immer wieder die Gemüter. Was genau aber Freie Energie ist – oder sein soll – darüber streiten wohl noch die Götter!

Natürlich gibt es Energieformen, die wenig oder kaum erforscht. Sicherlich gibt es auch welche, die der Wissenschaft bisher noch gänzlich unbekannt sind.

Das Weltall sendet uns unablässig seine kosmische Strahlung. Diese hochenergetische Teilchenstrahlung kommt aus den verschiedensten Quellen, besonders aber auch von der Sonne. Diese kosmischen Energieflüsse sind noch nicht ansatzweise geklärt und stellen somit in absehbarer Zeit keine nutzbare Energiequelle dar.

Für die Strahlungen aus unserem Planeten Erde sieht es nicht viel anders aus. Dass es gewisse energetische Strahlungen gibt, ist unbestreitbar. Es sind wohl Strahlungen unterschiedlichster Frequenzen, die vom Magnetfeld der Erde herrühren. Auch sind es wohl Spannungen, die auf tektonische Aktivitäten zurückzuführen sind. Auch radioaktive Strahlung des Edelgases Radon sowie weitere terrestrische Strahlungen sind bekannt und nachweisbar. Aber auch diese energetischen Strahlungen sind erst am Anfang ihrer Erforschung und eine Nutzung steht noch in den Sternen.

Diese undefinierte Freie Energie, um die sich zahlreiche Verschwörungstheorien ranken und die zum Teil auch in der Esoterik angesiedelt wird, umfasst auch: alle nichtkonventionelle Energie, Nullpunktenergie, Skalarwellen, Tesla-Strahlen, Vakuumenergie, Tachyonen und Orgon.

Ich möchte mich dazu nicht weiter einlassen. Keine dieser „Energieformen" ist meines Wissens bisher wissenschaftlich nachgewiesen. Ich kann daher weder bestreiten, dass es sie gibt, noch dass es sie nicht gibt. Wenn es sie gibt, müssen sie zuerst wissenschaftlich erkundet, analysiert und definiert werden. Erst dann würden sich für Techniker, Naturwissenschaftler und Ingenieure Möglichkeiten für Lösungsansätze zur Nutzung ergeben. Denn wie heißt schon ein uralter Spruch: Von nichts kommt nichts! Von daher möchte ich als Ingenieur allen diesen Verschwörungstheorien eine Absage erteilen. Dies allerdings ohne auch nur im Geringsten in Zweifel zu ziehen, dass es Energietechnologien gibt, die bewusst „zurückgehalten werden".

Um nicht für unnötige Verwirrung zu sorgen, möchte ich abschließend noch klarstellen, dass Freie Energie in diesem Beitrag nicht mit dem physikalisch festgelegten Begriff der Freien Energie (Helmholtz-Energie) im Bereich der Thermodynamik zu verwechseln ist.

30. Energieträger der Weisen – sowie weitere Energiegewinnungstechnologien

Da die fossilen Energieträger auf unserem Planeten begrenzt sind und dramatisch weniger werden, suchen Wissenschaftler und Ingenieure auf der ganzen Welt seit langen nach Alternativen, den sogenannten „Energieträgern der Weisen".

Einige dieser Verfahren und Technologien, die ich für vielversprechend halte, möchte ich Ihnen jetzt kurz vorstellen.

Kalk – dieses Wort kennt jeder! Aber was ist Kalk in seiner Definition? Es ist Gestein – Kalkstein – der aus den Sedimenten biogenen Ursprungs entstanden ist. Kalkstein besteht im Wesentlichen aus kohlensaurem Kalk (Calciumkarbonat) in Form der Mineralien Calcit und Aragonit. Diese biogenen Kalkstein-Sedimente stammen vorwiegend von Mikroorganismen oder gesteinsbildenden Korallen, seltener auch von abgestorbenen Schnecken, Muscheln und Schwämmen. Somit kann Kalkstein als ein fossiler Rohstoff angesehen werden.

Schon lange werden Verfahren gesucht, die geeignet sind, in umweltfreundlichen Prozessen aus Abfällen Energie zu gewinnen. Es gibt da einiges an Verfahren und an Anlagen, die aus kohlenstoffreichen Abfällen Brenngas erzeugen können. Leider sind alle mir bekannten Verfahren und Prozesse mit dem

Makel behaftet, dass sie Nebenprodukte erzeugen wie: Dioxine, Rauchgase und Furane, um nur einige zu nennen. Der Duisburger Xella-Gruppe gelang es, ein neues Verfahren zu entwickeln. „Ecoloop" nennt sich dieser Katalyseprozess, der erstmals in einer Pilotanlage im Harzort Rübeland von den Fels-Werken Goslar praktiziert wird. Als Katalysator wird Kalk genutzt, der dort in einer Grube abgebaut wird. In einen Hochofen, der mit Kalk gefüllt ist, werden die Abfallstoffe wie Plastikabfälle, Biomasse und andere Kohlenstoffträger zugeführt. Der Kalk dient in diesem Vergasungsprozess sowohl als Trennungsmittel, wie auch als Transportmedium, und bindet die entstehenden Umweltschadstoffe fast vollständig. Der Wirkungsgrad liegt angeblich bei stolzen 80 % – plus. Wie die Erfinder behaupten, lässt sich dieser technologische Prozess auf fast alle industriellen Anwendungen weltweit übertragen. Einzige Voraussetzung – der fossile Energiekatalysator Kalkstein.

Die PAGD-Technologie (Pulsed Abnormal Glow Discharge) wurde von den Kanadiern Alexandra und Paolo Correa erfunden, die ihr Verfahren in ihrer Firma Labofex vermarkten. PAGD ist ein neuer Typ von einer Plasma-Entladungslampe und unterscheidet sich von allen bisherigen Lichtbogen-Emissions-Vorrichtungen durch die Methode der Auslösung der Entladung sowie deren Löschung. Diese leistungsfähige Technologie ist im System recht einfach und könnte modular zum modularen Stromerzeuger oder auch zum Antrieb von Elektrofahrzeugen genutzt werden. Diese Gasentladungslampe verwendet zur Zündung Gleichstrom und erzeugt auch Gleichstrom, wobei der Output den Input um einen Faktor von mehr als zehn übertrifft. Bei Systemen mit zwei gekoppelten Entladungsröhren und einer Batterieeinrichtung, wäre ein selbstunterhaltener Betrieb ohne externe Stromzufuhr denkbar. Für Technik- und Naturwissenschaftler klingt dies unglaubhaft. Aber dieses Phänomen wurde unabhängig voneinander durch mehrere Wissenschaftler bestätigt. Es liegt die Vermutung nahe, dass es sich hierbei um das gleiche Grundphänomen handelt, wie bei der nachfolgenden Charge-Cluster-Technologie. Wissenschaftliche Erklärungen liegen aber bisher noch nicht vor.

Die Charge-Cluster-Technologie ist auch so eine Energietechnologie, deren wissenschaftlicher Nachweis zwar erbracht wurde, die aber trotzdem immer wieder den „Freien Energien" zugerechnet wird, was natürlich nicht zutreffend ist. CCT ist eine, im Verhältnis gesehen, einfach Technologie. Unkompliziert ausgedrückt, wird mit Hilfe eines sogenannten EV-Generators ein Elektronenstrahl hoher Dichte erzeugt, der vielfältige Anwendungsmöglichkeiten bietet. Entdeckt und entwickelt wurde diese Technologie unabhängig voneinander in den USA sowie in Russland und Weißrussland ab den 1980-er Jahren.

Der EV-Generator wird charakterisiert durch eine stumpfe und eine spitze Elektrode. Zwischen Kathode und Anode werden durch Funkenentladung negative Ladungskondensationen (Charge Cluster) erzeugt, wobei das Material der Elektroden eine Schlüsselrolle einnimmt. Mit dem, mit dieser Technologie, erzeugtem Elektronenstrahl könnte Energie erzeugt werden oder Ionenbeschleuniger für Antriebe betrieben werden. Auch von den Möglichkeiten radioaktiver Dekontamination wird berichtet.

Auch die Black-Light-Power-Technologie – BLP genannt – wird als eine vielversprechende Energiegewinnungstechnologie der Zukunft gehandelt. BLP ist eine Plasmatechnologie, mit der günstig Strom und Wärme produziert werden soll. Bei dieser Technologie wird in einem Gasgemisch ein Plasma erzeugt, welches dann ultraviolettes Licht und Wärme abgibt. Das Gasgemisch besteht im Wesentlichen aus Wasserstoff, dem als Funktionsschlüssel spezielle Katalysatoren beigemischt werden. Da das erzeugte Licht außerhalb des sichtbaren Bereichs liegt, wurde diese Technologie, die insbesondere in den USA entwickelt wurde, Black Power Light genannt.

Wie bei diesem letzten Beispiel, sowie bei einigen anderen auch angedeutet, haben spezielle Katalysatoren in vielen energetischen Prozessen eine ganz besondere Bedeutung. Zahlreiche Forschungen überall auf der Welt beschäftigen sich mit diesen innovativen Ansätzen, die in der Fachwelt auch als transmaterielle Katalysatoren bezeichnet werden.

31. Supraleiter

Supraleiter sind zwar weder energetische Rohstoffe noch Energiequellen, im energietechnischen Zusammenhang möchte ich sie aber nicht unterschlagen. Zumal man darauf hoffen kann, dass Supraleiter in Zukunft einmal eine bedeutende Rolle zur Energieeinsparung leisten könnten.

Unter Supraleitern versteht man Materialien, deren elektrischer Widerstand beim Unterschreiten einer bestimmten Temperatur (Sprungtemperatur) gegen Null abfällt. Dieses physikalische Phänomen wurde bereits im Jahr 1911 durch den niederländischen Physiker Heike Kamerlingh Onnes entdeckt und ist bisher nur durch die Theorie der Quantenmechanik zu erklären – nicht aber durch die klassische Physik.

Supraleitende Materialien könnten somit theoretisch als elektrische Leiter eingesetzt werden. Da sie keinen elektrischen Widerstand besitzen, würde dies zu enormen Energieeinsparungen führen können.

Leider ist die Wissenschaft in den hundert Jahren seit Entdeckung dieses Phänomens einer praxisnahen Lösung nicht viel näher gekommen. Das Problem besteht darin, dass die Sprungtemperatur, bei der alle bekannten Materialien ihren elektrischen Widerstand verlieren und zu Supraleitern werden, sehr niedrig ist. Die bis heute wohl höchste Sprungtemperatur liegt bei -135 Grad Celsius/138 Kelvin – alle anderen bekannten Materialien benötigen erheblich niedrigere Temperaturen, meist um die -230 Grad Celsius/43 Kelvin.

An diesen extrem niedrigen Temperaturen, die erzeugt werden müssen, und die die Materialien außerdem sehr spröde machen, ist bisher eine wirtschaftliche Anwendung gescheitert. Erst wenn Materialien gefunden worden sind, die möglichst im Bereich der Umgebungstemperatur liegen, öffnet sich ein breites Anwendungsspektrum. So wären zum Beispiel auch hochwertige Stromspeicher möglich. In diesen SMES (Supraleitender Magnetischer Energiespeicher) wird mit supraleitenden Spulen Energie gespeichert. Die Energie wäre sehr schnell abrufbar und könnte daher für die Kompensation schneller Lastschwankungen in Stromnetzen eingesetzt werden.

32. Brennstoffzelle

Die Brennstoffzelle ist derzeit in aller Munde, dabei ist auch sie wahrlich keine neue Errungenschaft. Bereits im Jahr 1838 wurde sie von dem Metzinger Naturwissenschaftler Christian Friedrich Schönbein erfunden.

Aber wer kann den Begriff „Brennstoffzelle" schon definieren? Kein einfaches Unterfangen, denn eine Spezifikation dafür gibt es nicht. Eine Brennstoffzelle ist schlicht ein galvanisches Element, also ein elektrochemischer Vorgang, der mittels Anode und Kathode ausgelöst und gesteuert wird und bei dem spontan chemische in elektrische Energie umgewandelt wird. Jede Kombination von zwei verschiedenen Elektroden (Anode und Kathode) und einem Elektrolyten (chemische Verbindung, die im festen, flüssigen oder gelösten Zustand in Ionen dissoziiert und sich unter dem Einfluss eines elektrischen Feldes gerichtet bewegen) bezeichnet man als galvanisches Element, und sie dienen als Gleichspannungsquellen.

Im allgemeinen Sprachgebrauch wird der Begriff der Brennstoffzelle allerdings schwerpunktmäßig für die Variante der Sauerstoff-Wasserstoff-Brennstoffzelle verwendet. Üblicherweise wird die chemische Energie durch Verbrennung in elektrische Energie umgewandelt, indem die dabei entstehenden heißen Gase Turbinen mit nachgeschaltetem Generator antreiben. Ein galvanisches Element, also eine Brennstoffzelle, kann diese Umwandlung chemischer Energie in elektrischen Strom, direkt ohne den Zwischenschritt über Wärme und Kraft, vollziehen. Gegenüber der Verbrennungskraftmaschine erzielt die Brennstoffzelle somit einen erheblich höheren Wirkungsgrad.

Es gibt verschiedene Brennstoffzellentypen: Die Unterschiede liegen in der Art der Elektroden, der Membran oder des Elektrolyts, mitunter werden auch noch verschiedene Katalysatoren eingesetzt. Besonders gut erforscht ist bisher wohl nur die Wasserstoff-Sauerstoff-Brennstoffzelle, alle anderen Typen befinden sich im Stadium der Forschung und Entwicklung.

Den Brennstoffzellen wird allerdings eine vielversprechende Zukunft, im stationären wie auch im mobilen Bereich, vorausgesagt. Im stationären Bereich können sicherlich die verschiedensten Typen eingesetzt werden, die besonders als Komponente der sogenannten Blockheizkraftwerke Anwendung finden. Dazu aber gleich mehr!

Im mobilen Bereich forschen und entwickeln zahlreiche Automobilunternehmen am Einsatz für Brennstoffzellenfahrzeuge schon etwa zwei Jahrzehnte. Auslöser für diese erheblichen Anstrengungen in Forschung und Entwicklung war insbesondere ein Abgasstandardgesetz in den USA. Dies sah vor, dass bis zum Jahr 2003 in den USA 10 % aller neuzugelassenen Fahrzeuge abgasfrei fahren sollten. Dieses Gesetz wurde jedoch, kurz vor seinem Inkrafttreten, durch massiven Widerstand der Automobilindustrie gekippt.

Trotzdem wird weiter intensiv an dieser Technologie entwickelt und geforscht, denn derartige Gesetze werden weiterhin diskutiert.

Heute sind schon Kleinserienfahrzeuge sowie Testfahrzeuge von den verschiedensten Herstellern zu Wasser, in der Luft und auf den Straßen unterwegs und haben auch ihre Alltagstauglichkeit unter Beweis gestellt.

Problematisch bei dieser Technologie sind allerdings bisher die Bereitstellung des Wasserstoffs in klimaneutraler Herstellung sowie deren massenmäßige und logistische Bereitstellung. Auch die Mitführung des Wasserstoffs in den Fahrzeugen bereitet noch erhebliche Probleme.

Aber ich bin mir sicher, der Brennstoffzelle steht eine weite Verbreitung bevor – auch wenn dies noch einige Zeit dauern wird.

33. Blockheizkraftwerke

Blockheizkraftwerke sind hochmoderne Anlagen, die aus modularen Komponenten aufgebaut sind. Der Grundgedanke dieses Anlagentyps, ist das Prinzip der Kraft-Wärme-Kopplung. Unter diesem, für Laien wohl unverständlichen Fachterminus, versteht man die gleichzeitige Gewinnung von mechanischer Energie, die unmittelbar in elektrischen Strom umgewandelt wird und nutzbare Wärme, die für Heizzwecke eingesetzt wird. Der wirtschaftliche und auch ökonomische Aspekt, welcher zur Konzeptionierung dieses Anlagentyps geführt hat, ist der Grundgedanke der regionalen Erzeugung und Nutzung von Heizwärme und elektrischem Strom.

Die beiden Hauptmodule der Anlage können dabei so gesteuert werden, dass bei geringer Wärmeabnahme mehr Strom produziert wird und umgekehrt. Falls der produzierte Strom vor Ort nicht abgenommen werden kann, wird er gegen Entgelt ins öffentliche Netz eingespeist.

Für den Antrieb der Stromerzeuger können die verschiedensten Kraftmaschinen eingesetzt werden. Gängige Praxis sind dabei Verbrennungsmotoren und Gasturbinen, aber auch Holzvergaser oder Stirling-Motoren kommen schon zum Einsatz und viele weitere technologische Konzepte sind denkbar. Auch der Einsatz der Energieträger ist sehr vielfältig und kennt theoretisch kaum Einschränkungen.

Nach meiner Einschätzung sind die Konzepte der Blockheizkraftwerke für die Zukunft sehr vielversprechend, zumal ich ein Verfechter der dezentralen (autarken) Energieversorgung bin. Allerdings hat der Einsatz von Blockheizkraftwerken auch einen Pferdefuß! Wenn im lokalen Versorgungsbereich diesem Energieerzeuger der Strom nicht abgenommen werden kann – da der Bedarf fehlt – so ist auch meistens kein Bedarf im öffentlichen Netz. Wobei wir erneut bei der dringenden Notwendigkeit effizienter Stromspeichersysteme wären.

34. Wärmetauscher

Der Wärmeaustausch ist das Grundprinzip zahlreicher technologischer Prozesse, so auch das des Heizens. Ja, so seltsam es auch klingen mag, das Heizen ist auch ein technologischer Prozess. Er beruht darauf, dass thermische Energie von einem Stoffstrom auf einen anderen übertragen wird.

Das Heizen mit offenem Feuer ist wohl der älteste von Menschen entdeckte und genutzte technologische Prozess – etwa so alt wie die Menschheit selbst.

Somit lag es auf der Hand, diese energetische Technologie weiter zu entwickeln und zu nutzen. Ein Ergebnis dieser Entwicklung sind sogenannte Wärmetauscher. Ein Fachbegriff, der aber auf Anhieb deutlich macht, was er beinhaltet – einen Apparat, der die Wärme von einem Stoffstrom auf einen anderen überträgt.

Wärmetauscher haben, besonders was ihren Wirkungsgrad betrifft, in den letzten drei Jahrzehnten enorme technische Fortschritte gemacht. Sie, die man auch Wärmeüberträger nennt, haben dabei besonders von der Werkstofftechnologie profitiert. Wärmetauscher können daher aus den verschiedensten Materialien bestehen, am gebräuchlichsten sind aber Metalle, Plaste und Glas. Möglichst große Oberflächen der die Stoffströme trennenden Materialien, sowie eine gute Wärmeübertragung und günstige Strömungsverhältnisse zeichnen effiziente Wärmetauscher aus. Es gibt die verschiedensten Bauformen und Bauarten, die entsprechend ihres Einsatzes ausgewählt werden.

Wärmetauscher sind zwar keine Energieproduzenten, aber sie können einen erheblichen Beitrag leisten, um Energie einzusparen und das sowohl in den heimischen vier Wänden, als auch an Arbeitsplätzen sowie in technologischen Prozessen aller Art.

Eigentlich müssten heute zur Energieeinsparung in jedem neugebauten Gebäude Wärmetauscher integriert werden, und nicht nur in sogenannten Energiesparhäusern. Leider sind aber die Kosten für solche Anlagen nicht gering und schrecken somit viele Bauherren ab. Und Altbauten entsprechend nachzurüsten ist wirtschaftlich kaum machbar.

35. Atomenergie

Ganz bewusst wende ich mich dieser Energiegewinnungstechnologie ganz zum Schluss zu. Denn nichts weckt derzeit mehr Emotionen als die Atomenergiedebatte und damit verbunden die „Energiewende". Ich möchte versuchen sachlich zu analysieren, unaufgeregt zu argumentieren und meine Aussagen mit Fakten zu unterlegen. Was sicher nicht ganz leicht werden wird, denn wer in Deutschland im Jahr 2012 der Atomenergie die Stange hält und CO_2-Treibhauseffekt und Klimawandel in seiner publizierten Form anzweifelt, wird schnell als „Ketzer" gebrandmarkt.

Zuerst werde ich mich der Frage zuwenden: Was ist Atomenergie? Verwirrend ist da allein schon die Anzahl der Begriffe, die alle die gleiche Technologie bezeichnen: Kernenergie, Atomenergie, Atomkraft, Kernkraft oder Nuklearenergie. Sie alle benennen eine Technologie zur großtechnischen Erzeugung von Sekundärenergie, wie elektrischem Strom mittels Kernreaktionen. Dieser physikalische Prozess bezeichnet den Zusammenstoß eines Atomkerns mit einem anderen Kern oder Teilchen, wobei mindestens ein Kern in eine andere festgelegte Atomsorte und/oder in freie Atombausteine umgewandelt wird. Weiter möchte ich in die physikalisch-chemische Erklärung der Kernreaktion nicht eindringen, damit Sie das Buch nicht weglegen.

Kernenergie ist für uns Menschen so interessant, weil sie vielmehr Energie pro Masse erzeugt, als jede chemische Reaktion, wie zum Beispiel die Verbrennung. Unser heutiges Hauptproblem bei der Energieerzeugung durch Kernreaktionen ist, dass dabei radioaktives Material, beispielsweise Uran, benötigt oder erzeugt wird.

Stellt sich die Frage: Warum ist das so? Diese Frage ist relativ einfach zu beantworten. Uran ist radioaktiv, wie viele andere Stoffe auch. Im Jahr 1938 erkannten die deutschen Chemiker Otto Hahn und Fritz Strassmann mit Hilfe der Physikerin Lise Meitner und deren Neffen Otto Frisch, dass das Uran-235 neben der Radioaktivität zusätzlich die ganz besondere Eigenschaft der leichten Spaltbarkeit hat. Es kann ohne großen Energieaufwand in zwei oder mehr kleine Bruchstücke gespalten werden, wobei sehr viel Energie freigesetzt wird. Dieses Phänomen nannten Meitner und Frisch «Kernspaltung».

Vielleicht belächeln mich jetzt die Kern- und Teilchenphysiker für meine folgende Aussage. Aber die Kernspaltung von Uran, beziehungsweise anderen radioaktiven Elementen, muss nicht der Weisheit letzter Schluss sein, wir haben nur noch keinen besseren.

Bisher war es der Physik nicht klar, wie Massen zu Stande kommen, wie es sein kann, dass unterschiedliche Elemente und deren Verbindungen unterschiedliche Massen aufweisen. Eine Theorie zu dieser offenen Frage der Elementarphysik hatte der britische Physiker Peter Higgs bereits 1964 aufgestellt. Diese Theorie, der nach ihm benannten kleinsten Elementarteilchen „Higgs-Boson", wurde zwar von der Forschung als Standardmodell angenommen, nachgewiesen werden konnten diese Teilchen aber nicht. Allerdings spricht vieles dafür, dass das im Juli 2012 vom Europäischen Kernforschungszentrum CERN präsentierte Teilchen ein Higgs-Boson ist. Diese Erkenntnis, wenn sie denn wissenschaftlich fundiert werden kann, könnte auch ein neuer Impuls in der Kernenergieforschung sein.

Derzeit ist es aber, wie es ist! Und Radioaktivität bleibt die Eigenschaft instabiler Atomkerne, sich spontan unter gewaltiger Energieabgabe umzuwandeln, wobei ionisierende Strahlung und Gammastrahlung entstehen. Diese Strahlungen sind im Nachfolgenden Auslöser von chemischen Reaktionen, die biologische Zellen auf verschiedene Weise schwer schädigen können.

Nun ist aber zu vermerken, dass die Begrifflichkeiten rund um die „Atomenergie" einer zunehmenden politisch-ideologisch motivierten Verwässerung und Entstellung unterliegen.

Aber warum, stellt sich hier die Frage? Die Antwort ist recht simpel: Am 6. und 9. August 1945 fanden die Atombombenabwürfe auf Hiroshima und Nagasaki durch die USA statt, die hunderttausende Opfer forderten. Nie wieder wurden seitdem Atomwaffen gegen menschliche Ziele eingesetzt. Aber die Bilder aus Japan gingen um die Welt und prägten die menschliche Einstellung zu Kernenergie nachhaltig – bis heute. Dann ab 1949 verfügte auch die Sowjetunion über Kernwaffen. Nun hatten beide verfeindeten Lager ein Totschlagsargument, um ihre jeweiligen politischen und militärischen Interessen der Bevölkerung zu verkaufen und somit auch durchsetzen zu können. Denn eine Bedrohung, durch einen mit Karabinern, Maschinenpistolen und Panzern bewaffneten militärischen Gegner, war schon damals keinem mehr zu verkaufen.

Mit dieser Konfrontation der Systeme, entwickelte sich auch die Friedens- und Ostermarschbewegung mit ihrem bekannten Logo. Aus einem breiten Spektrum politischer und sozialer Bewegungen und Gruppierungen entstand dann in den 1970-er Jahren die Partei der Grünen, mit den inhaltlichen Schwerpunkten der Ökologie-, der Anti-Atomkraft-, der Friedens- sowie der Frauenbewegung. Irgendwie wurde so die globale Bedrohung durch die Atombombe auch auf die friedliche energetische Nutzung der Kernenergie übertragen. Diese Bedrohungsszenarien wurden im Laufe der Jahre instrumentalisiert und durch die Medien zunehmend hofiert.

Mit der Technologie der Kernenergie sind ganz ohne Zweifel Risiken und Nebenwirkungen verbunden und natürlich hat die radioaktive Strahlung einen sehr schädigenden Effekt auf alle biologischen Zellen, insbesondere auf die Erbinformationen der DNA. Aber es ist auch eindeutig darauf zu verweisen, dass die Natur viele Reparatur- und Hilfsmechanismen entwickelt hat, um das Leben vor solchen Strahlenattacken zu schützen. Die einfachen darunter hat die Wissenschaft mittlerweile analysiert und verstanden. Bei den komplexen Vorgängen im Immunsystem hat sie Fortschritte erzielt.

Heute verfügt die Wissenschaft über die Erfahrungen von Hiroshima, Nagasaki und Tschernobyl und sie hat außerdem die jahrzehntelangen Erfahrungen und Erkenntnisse mit medizinischen Strahlenbehandlungen von Krebserkrankungen sowie zur Diagnostik. So musste die Wissenschaft erkennen, dass eine Bedrohung zwar vorhanden ist, die wirklich schädigenden Strahlungsdosen aber weit höher angesetzt werden können, als bisher empfohlen. Das Sicherheitsdenken, mit der Empfehlung von einem Millisievert pro Jahr, stammt noch aus einer Zeit, als diese Erkenntnisse noch nicht vorlagen. Diese Argumente und die teilweise umstrittenen Aussagen von Fachleuten, dass sogar tausendfach höhere Dosen keine Gefahr für das Leben darstellen, werden sicher viele Leser nicht ohne weiteres teilen. Ist ja auch alles recht abstrakt!

Aber betrachten wir mal die Praxis, betrachten wir Hiroshima! Als die Atombombe am 6. August 1945 um 8.15 Uhr in einer Höhe von 9 450 Meter ausgeklinkt wurde und knapp eine halbe Minute später, in 580 Meter Höhe über der Innenstadt von Hiroshima, explodierte, hatte die dortige Bevölkerung wenige Überlebenschancen. 43 Sekunden später hatte die Druckwelle 80 % der Innenstadt dem Erdboden gleichgemacht. Es entstand ein Feuerball mit einer Innentemperatur von über einer Million Grad Celsius. Die Hitzewirkung von mindestens 6 000 Grad Celsius ließ noch in über zehn Kilometer Entfernung Bäume in Flammen aufgehen. Von den 76 000 Häusern der Großstadt wurden 70 000 zerstört oder beschädigt.

Soweit gibt es absolut verlässliche Daten und Fakten. Aber schon bei der Anzahl der Opfer gibt es große Abweichungen: 70 bis 80 000 Menschen sollen sofort tot gewesen sein, sie starben an den Auswirkungen der Druckwelle, oder aber an den unvorstellbaren Temperaturen. An den Folgewirkungen der atomaren Explosion, fanden dann in den nächsten fünf Monaten geschätzte 90 000 bis 166 000 weitere Menschen den Tod.

Einer Studie zufolge waren 9 % der Krebserkrankungen, die von 1950 bis 1990 auftraten, eine Folge des Abwurfs. Anders betrachtet, waren also 91 % der Krebserkrankungen nicht auf dieses epochale Ereignis zurückzuführen. Und das, obwohl Hiroshima bereits ab dem Jahr 1946 an gleicher Stelle wieder aufgebaut wurde. Heute leben in dieser wiederauferstandenen Großstadt über 1,1 Millionen. Menschen. Für Nagasaki ist die Situation ähnlich. Die Strahlenbelastung ist heute nicht über dem Niveau der gewöhnlichen Hintergrundstrahlung durch natürliche Radioaktivität und somit nicht höher als in anderen Gebieten der Erde. Als Grund für diese nur kurzzeitig auftretenden und belastenden radioaktiven Strahlungen wird angegeben, dass die Atombombe nicht am Boden explodiert sei, sondern in größerer Höhe und daher ein Fallout (radioaktiver Niederschlag) ausblieb. Eine mehr als fadenscheinige Begründung!

Das Bikini-Atoll war von 1946 bis 1958 US-amerikanisches Atomwaffentestgebiet. Auf keinem anderen Testgelände wurden ähnlich viele Atombombentests durchgeführt, es waren dort siebenundsechzig. Die Wasserstoffbombe Bravo war die stärkste Bombe, die je von den USA gezündet wurde. Ihre Sprengkraft war weitaus stärker als erwartet und entsprach etwa der von eintausend Hiroshimabomben. Diese Tests wurden unter Wasser, auf dem Wasser, auf dem Land und in der Luft durchgeführt. Man sollte denken, das Bikini-Atoll wäre für ewige Zeit radioaktiv verseucht? Irrtum! Das Bikini-Atoll, mit seinen betroffenen Inseln, ist heute kein Sperrgebiet mehr. Nach neuesten Messungen ist die radioaktive Strahlung fast normal. Sogar Menschen haben sich dort schon wieder angesiedelt und Urlauber besuchen das Atoll – das einstmals wohl meist verstrahlteste Land auf unserem Planeten.

Aber die Atomwaffenmächte, allen voran die USA und Russland, veröffentlichen kaum Informationen dazu – alles streng geheim. Das Prinzip dahinter – Angst wird geschürt.

Dann, am 26. April 1986, nahm die erste zivile Atomkatastrophe im Block 4 des Kernkraftwerks von Tschernobyl seinen verhängnisvollen Lauf. Als erstes und bisher einziges Ereignis wurde sie auf der siebenstufigen internationalen Bewertungsskala für nukleare Ereignisse auf Stufe 7, als katastrophaler Unfall eingeordnet.

Aber was war mitten in der Ukraine, nahe der Stadt Prypjat geschehen? Der stellvertretende Chefingenieur Djatlow hatte im Kernkraftwerk einen vollständigen Stromausfall simuliert, wobei er schwere Verstöße gegen die geltenden Sicherheitsvorschriften beging. Diese Simulation geriet außer Kontrolle und führte zu einem Leistungsanstieg, der nicht mehr zu stoppen war und die Explosion eines Reaktors auslöste.

Neben den schweren Sicherheitsverstößen des Kraftwerkspersonals, soll die veraltete Bauart des Kernreaktors ein weiterer schwerwiegender Grund für die Explosion gewesen sein. Dieser Kernreaktor war ein sogenannter graphitmoderierter, bei dem die Prozesskühlung entweder durch Gas oder durch Wasser erfolgt. Der Pferdefuß bei dieser veralteten Bauart ist, dass bei Überhitzung das Graphit zu brennen beginnen kann. Das war in diesem Fall so und verstärkte die Auswirkungen der Reaktorkatastrophe. Es sind also menschliches Versagen, gepaart mit alter, versagender Technik zusammengekommen, wenn man den einschlägigen Veröffentlichungen Glauben schenken darf.

Alle anderen Angaben, Aussagen und Folgen dieses Reaktorunfalls sind sehr umstritten und zum Teil stark politisch-ideologisch geprägt. Sich damit auseinanderzusetzen ist in diesem Rahmen nicht möglich. Laut WHO starben fünfzig Menschen an der Strahlenkrankheit, also den Folgen der radioaktiven Strahlung.

Chefingenieur Djatlow und seine Kollegen sollen angeblich während des Unfalls einer Strahlendosis von über 6 Sievert ausgesetzt gewesen sein, also dem sechsfachen der jährlich zulässigen Strahlendosis für biologische Organismen. Trotzdem ist keiner der Unfallbeteiligten an dieser gewaltigen Überdosis erkrankt oder gestorben. Djatlow starb im Jahr 1995 an einem „natürlichen Herzinfarkt".

Es stellt sich die Frage, was für Auswirkungen dieser Unfall auf alle biologischen Organismen gehabt hätte, wenn man das Kraftwerk sich selbst überlassen hätte, und das Gebiet rechtzeitig weiträumig evakuiert worden wäre. Eine Frage, die sicher niemand beantworten kann, die zu stellen aber legitim ist.

Was wäre wenn: Nicht hunderttausende „freiwillige Liquidatoren" eingesetzt worden wären, um den behelfsmäßigen Schutzschild (Sarkophag) zu erbauen und das Gelände zu säubern?

Der Reaktorunfall von Tschernobyl hat die Welt verändert und er hat vor allem Wasser auf die Mühlen der Atomkraftgegner in aller Welt gegossen. Nach Tschernobyl war Atomkraft auch in weiten Bevölkerungskreisen weitgehend verpönt. Zunächst ließen sich Wirtschaft und auch Politik davon allerdings weitgehend nicht beeindrucken. Langsam begannen sich dann, in den 1990-er Jahren, in den einzelnen Industrieländern unterschiedliche Konstellationen bezüglich der Kernkraft herauszubilden. Zahlreiche Länder bauen dabei weiter auf die Kernkraft, andere lehnen sie ab und die dritte Fraktion, wie Deutschland, plante einen langsamen organisierten Ausstieg (2000 bis 2010). Heute betreiben dreißig Staaten der Erde Atomkraftwerke, innerhalb der Europäischen Union sind das: Belgien, Bulgarien, Deutschland, Finnland, Frankreich, Großbritannien, Schweden, Spanien, Slowenien, Slowakei, Tschechien und die Niederlande. Die Beschlusslage zur Atomenergienutzung war in den 2000-er Jahren in den einzelnen europäischen Ländern sehr unterschiedlich – von der totalen Ablehnung bis zur Erweiterung oder Neueinführung.

Dann brachte ein neues Ereignis diese Gemengelage vollständig durcheinander – Fukushima. Am 11. März 2011 erschütterte ein Seebeben der Stärke 7,3 auf der Richterskala die Region um Fukushima. Es folgte kurze Zeit später ein Tsunami mit Wellenhöhen von bis zu 15 Meter, die das Kernkraftwerk Fukushima mit voller Wucht trafen und großflächige Zerstörungen an den Reaktoren bewirkten. In Folge dessen kam es in den Blöcken 1 bis 3 zu Kernschmelzen. Große Mengen an radioaktivem Material – rund 10 bis 20 % der radioaktiven Emissionen von Tschernobyl – wurden freigesetzt und kontaminierten Luft, Böden, Wasser und Nahrungsmittel in der land- und meerseitigen Umgebung.

Es hat also eine neue Nuklearkatastrophe gegeben, eine die wieder mit der Höchststufe 7 – katastrophaler Unfall – eingeordnet wurde.

Geschätzte 30 000 Menschen haben ihr Leben lassen müssen, Grund dafür aber waren das Erdbeben und der gewaltige Tsunami. Kein einziger Mensch ist aber bis heute nachweislich an den Folgen des Atomreaktorunfalls ums Leben gekommen.

Warum diese Nuklearkatastrophe mit gleich drei Kernschmelzen trotzdem so viel glimpflicher ausgegangen ist, als die in Tschernobyl – ich kann es nicht mit Gewissheit sagen. Der Großteil aller verfügbaren Informationen stammt bisher von der Betreiberfirma des Kraftwerks und ist somit auch nicht unbedingt in allen Einzelheiten glaubhaft.

Eine derartige Naturkatastrophe liegt außerhalb der menschlichen Einflusssphäre. Trotzdem sind diese Kernreaktorunfälle im Wesentlichen wohl auf menschliche Versäumnisse zurückzuführen. Man hätte sicherlich in einer derart erdbebengefährdeten Region eine solche Naturkatastrophe im Blick haben müssen, was wohl nicht der Fall war.

Fukushima hat einige Wochen das Weltinteresse beherrscht und zu den unterschiedlichsten Reaktionen geführt. Viele davon waren wieder mal politisch-ideologisch geprägt. Dann, nachdem ersichtlich war, dass die Kernschmelzen von Fukushima keine weitreichenden Auswirkungen haben würden, erlosch das Interesse recht schnell wieder. Die meisten Nationen gingen zur Tagesordnung über und stellen die Kernkraft nicht zur Disposition. Den Ländern, die nach Fukushima ausdrücklich den Atomausstieg beschlossen haben (Deutschland, Schweiz, Belgien, Spanien), beziehungsweise weiter atomkraftfrei bleiben wollen (wie zum Beispiel Italien oder Irland), steht eine Gruppe von Ländern entgegen, die die Atomenergie beibehalten beziehungsweise neu einführen möchten: Großbritannien, Frankreich, Polen, Tschechien, Ungarn und Litauen. Einige Länder – darunter China und Japan – überprüfen ihre Atompolitik. Unbestritten ist es das Recht jeder Staatsdemokratie, ihre ureigene Atompolitik zu betreiben. Diese ändert aber nichts an den Fakten zur Atomenergie. Diejenige ist bisher noch eine der umweltschonendsten Energieformen: Gemäß WHO sterben jährlich noch etwa drei Millionen Menschen an den Folgen der Verbrennung fossiler Rohstoffe und auch brechende Staudämme, erbaut zur Nutzung der Wasserkraft, haben schon vielen hunderttausenden Menschen das Leben gekostet. Auch müssen wir uns ins Bewusstsein rücken, dass jeder Mensch täglich radioaktiver Strahlung ausgesetzt ist. Die Strahlungsbilanz für Deutschland setzt sich derzeit etwa folgendermaßen zusammen:

etwa 0,03 % Atomwaffen-Niederschlag
etwa 0,03 % Reaktorunfall Tschernobyl
etwa 0,03 % von deutschen Kernkraftwerken
etwa 7 % kosmische Strahlung

etwa 28 % eingeatmetes Radon
etwa 47 % von medizinischen Anwendungen

Der Rest sind sonstige Strahlungen (Lebensmittel, Wasser, elektronische Geräte und so weiter).

Was sagen uns diese Werte? Über 35 % der radioaktiven Strahlung können wir nicht verhindern (kosmische Strahlung, Radon, sonstige) und auf die 47 % der medizinischen Anwendungen wollen wir auch nicht verzichten. Ist da nicht eine ganze Menge Selbstbetrug dabei? Besonders das Gas Radon, das unbemerkt aus dem Boden dringt, ist weitaus gefährlicher als bislang angenommen. Heute geht die Wissenschaft davon aus, dass alle fünf Stunden in Deutschland ein Mensch an den Folgen einer Radonbelastung verstirbt. Das sind im Jahr etwa 1 900 Todesfälle, über die keiner spricht.

Radon entsteht durch den natürlichen Zerfall von Uran und Thorium und kommt je nach geologischen Bedingungen unterschiedlich stark vor. Das Gas wandelt sich an der Oberfläche und zerfällt in verschiedene radioaktive Stoffe, die sich als winzige Partikel in der Luft befinden und eingeatmet werden. Die Folgen sind Bestrahlungen des Lungengewebes, wodurch Krebszellen entstehen können. Als besonders gefährlich wird jenes Radon angesehen, das aus der Erde durch undichte Stellen in die Fundamente der Gebäude eindringt. Ist die Konzentration hoch genug, schädigt diese radioaktive Belastung die Bewohner dieser Gebäude. Und was tun wir dagegen? Nicht viel! Wir ignorieren dieses Problem einfach und zeigen auf Tschernobyl, Fukushima, unsere Atomrestmülllagerstätten und so weiter.

Wir sollten also nicht in Hysterie bezüglich der Kernenergie verfallen, oder uns davon anstecken lassen, sondern müssen uns darüber im Klaren sein, dass keine Art von Energiegewinnung oder Energieerzeugung zum Nulltarif zu haben ist und auch in Zukunft zu haben sein wird. Es gibt unterschiedliche Energiebilanzen, es entstehen Abfall- und Nebenprodukte, es werden Landflächen zweckgenutzt, es gehen chemische, physikalische, biologische und andere Prozesse vonstatten, die Einfluss auf die Natur und somit auch auf den Menschen haben. Demzufolge müssen wir forschen, lernen und abwägen. Wir dürfen nicht nur technisch-wirtschaftlich beurteilen, wir müssen auch einen technisch-philosophischen Diskurs führen.

Das sieht auch Bill Gates, der Microsoft-Gründer, so und treibt seinen Traum von sauberer Energie voran. Seine Vision sind Mini-Atomkraftwerke, die umweltfreundlich jahrzehntelang ohne Wartung Strom produzieren. Die von ihm mitfinanzierte Firma Terrapower, untersucht derzeit gemeinsam mit Toshiba den Bau von Mini-Atomkraftwerken. Der sogenannte Traveling Wave Reactor (zu Deutsch Laufwellenreaktor) soll jahrzehntelang mit einer Ladung Brennelementen auskommen und kaum Wartung benötigen. Das Prinzip dieses Luftwellenreaktors indes ist nicht neu, sondern basiert auf der Technik von U-Boot Reaktoren. Schon in den fünfziger Jahren wurden in Russland und den USA solche Reaktoren gebaut, um abgelegene Gebiete mit Energie zu versorgen. Die Arbeitsweise dieses Kleinreaktors klingt revolutionär, denn er braucht nur sehr geringe Mengen angereicherten Urans und kann ansonsten mit abgereicherten, also dem, was wir heute verzweifelt versuchen, als Sondermüll zu entsorgen, oder mit natürlich vorkommendem Uran betrieben werden. Beides ist reichlich vorhanden. Ein visionäres Projekt, aber trauen wir das Bill Gates nicht zu?

36. Der Ionenantrieb

Einen Ionenantrieb in diesem Buch ausführlich zu erläutern, wäre wenig zielführend. Nur so viel dazu, die Physiker und Chemiker mögen mir verzeihen, es handelt sich dabei um einen rein atomphysikalischen Antrieb. Im Grundprinzip werden bei diesem Antrieb, mit sehr wenig Masse, aus einer Anode und einer Kathode, mittels einer Stromquelle, Atome gelöst. Die dabei freiwerdenden Elektronen strömen zur Anode und die Ionen werden durch ein Gittergeflecht herausgeschleudert und bewirken den Schub des Triebwerks. Das Ionentriebwerk kann durchaus als eine der beachtlichsten Erfindungen angesehen werden, die je gemacht wurden und das, obwohl dieser Antrieb, diese Energiequelle, noch keine bedeutende Anwendungsbasis gefunden hat.

Wesentliche Bestandteile des Triebwerks sind ein ionisierbarer Treibstoff sowie eine Stromquelle, ein Gehäuse mit einem Gitteraustritt, eine Kathode und eine Anode, ein Magnet sowie einige Steuer- und Regelelemente und fertig ist ein prinzipielles Triebwerk. In der Praxis ist das natürlich erheblich schwieriger, wie so oft besteht eine erhebliche Diskrepanz zwischen Theorie und Praxis.

Ionentriebwerk gez. v. Lisa Berg

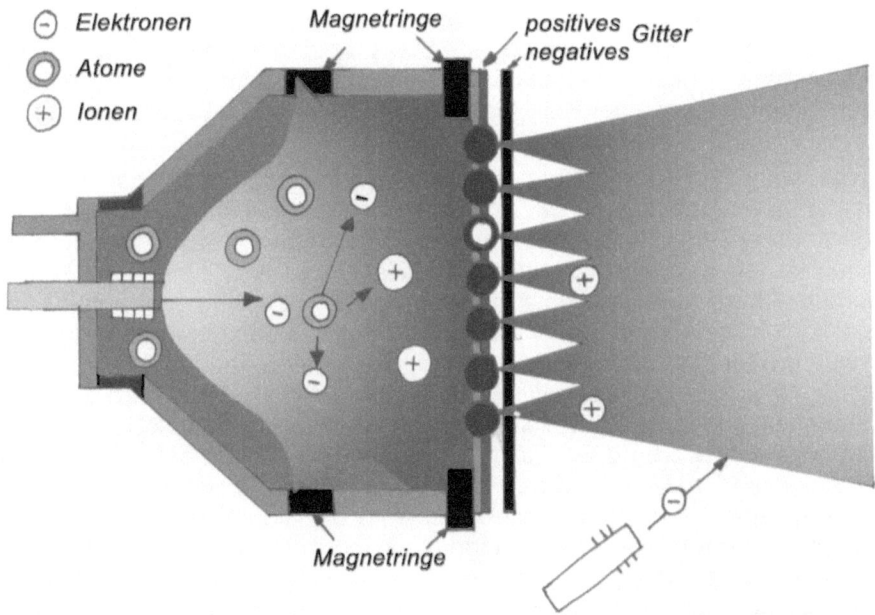

In der Regel kommen bei Flugkörpern Brennstoffantriebe zur Anwendung. Diese haben eine sehr große Masse, bedingt durch den enormen Bedarf an Brennstoff sowie eine dadurch begrenzte Reichweite und eine physikalisch begrenzte Maximalgeschwindigkeit. Alle diese Nachteile hat ein Ionentriebwerk nicht. Es kann enorme bisher fast unvorstellbare Geschwindigkeiten erreichen und riesige Entfernungen zurücklegen. Aber auch dieser Antrieb hat einen Pferdefuß. Er benötigt eine Stromquelle und die darf nicht von großer Masse sein, dafür muss sie aber sehr lange Strom liefern.

Anbieten können sich dafür bisher für lange Entfernungen nur Solarmodule und Kernreaktoren. Sie haben sicherlich schon erkannt, wir sind bei der Weltraumforschung gelandet. Zur Weltraumforschung kann man stehen wie man will. Aber es wird kommen, dass ein Himmelskörper wieder einmal die Erde bedrohen wird – ganz sicher, die Frage ist nur, wann? Diese Problematik ist auch der Wissenschaft und der Politik bekannt und es wird daher in hochmodernen Beobachtungsstationen ständig gezielt nach entsprechenden Himmelskörpern gesucht, die eventuell der Erde gefährlich werden könnten. Aber auch diese Frühwarnsysteme arbeiten anscheinend nicht vollständig zuverlässig, denn mitunter kam es zu gefährlichen Situationen, die erst zu spät erkannt wurden. So auch im März 2009, wo zwei Asteroiden, in etwa 7 000 Kilometer Entfernung, an der Erde vorbeiflogen. Diese beiden Asteroiden waren mit ihren etwa fünfzig Meter Durchmesser keine echte Bedrohung für die Erde, trotzdem hätten sie bei einer Kollision mehr als Staub aufgewirbelt.

Und was, wenn ein Asteroid mit zehn Kilometer Durchmesser auf die Erde zusteuert? Eine Atombombe, wie im Spielfilm Armageddon zur Rettung der Erde einzusetzen wäre illusorisch, denn, dass der Asteroid sich so wie im Film sprengen lassen würde, wäre ein reiner Zufall. Aber eine Ablenkung könnte die Bombe allemal bewirken, dazu müsste sie aber frühzeitig zum potentiellen Kollisionsobjekt gelangen. Denn damit wir einem Zusammenprall entgehen, sind keine großen Ablenkungen erforderlich, Entfernung und Zeit lassen schon Ablenkungen im Millimeterbereich wirkungsvoll werden. Dazu wird aber ein ausdauernder, schneller Antrieb benötigt, der rechtzeitig das Kollisionsobjekt erreicht. Vielleicht wären dann für diese Ionenrakete Solarmodule als Stromquelle einsetzbar! Aber nur, wenn die Mission Richtung Sonne geht. Wenn nicht, Pech gehabt – oder aber als Alternative ein atomares Kleinkraftwerk? Wir sehen an diesem Beispiel, so lange wir keine machbaren Alternativen zur Energiegewinnung haben, können wir die Forschung und Entwicklung in diesem Sektor nicht einstellen. Auch wenn uns das Politik und Umweltschützer gern weiszumachen versuchen.

Ein Kernenergieunfall ist für unsere Vorstellung derzeit der absolute Mega-Gau, würde aber die Erde in keiner Weise bedrohen. Bei einem Meteoriteneinschlag oder auch einem gewaltigen Vulkanausbruch könnte das ganz anders ausgehen. Dass ein solches Meteoriten-Einschlagsszenario nicht ins Reich der Phantasie gehört, zeigt unter anderem die umfangreiche Liste von Einschlägen auf der Erde, die bisher nachgewiesen werden konnten. Experten gehen davon aus, dass schon ein mehrere Kilometer großer Meteorit das Leben auf der Erde zu einem Großteil auslöschen könnte. Dass dies in der Erdgeschichte, bei mindestens einem der sechs großen Aussterbeereignisse Ursache war, gilt heute bei Forschern als sehr wahrscheinlich. Und selbst wenn eine solche Kollision nicht ganz so dramatisch enden würde, so könnte sie, oder auch ein gewaltiger Vulkanausbruch, doch die Erde für Jahre verdunkeln und das Klima gravierend verändern. Dann wären alle Energiegewinnungstechnologien, die auf Sonne oder Licht basieren, unbrauchbar. Ich will hier kein Endzeitszenario herbeireden, aber wir haben noch keine Technologien, um dem entgegenzuwirken. Von daher sollten wir die Kernenergie nicht verteufeln, sondern als Alternative betrachten, die wir maß- und verantwortungsvoll weiterentwickeln sollten. Das haben wir leider in der Vergangenheit nicht immer getan.

Dass der Ionenantrieb nicht nur eine Spielerei für Wissenschaftler in physikalisch-technischen Laboren ist, hat der bekannte deutsche Physiker Prof. Dr. Horst Löb im Jahr 2002 unter Beweis gestellt. Als alle anderen bekannten Raketenantriebe versagten, um einen 700 Millionen Euro teuren Artemis-Satelliten in seine Umlaufbahn in 5 000 Kilometer Höhe zu bringen, baute Löb in seinem Gießener Physikalischen Institut einen Ionenantrieb der RITA-Reihe und rettete damit den ESA-Satelliten.

Das Prinzip des Ionentriebwerks wurde bereits im Jahr 1923 von dem Raumfahrtpionier Hermann Oberth beschrieben. Aber wie so viele Erfindungen, verschwand auch das Ionentriebwerk später in Schubladen und Tresoren.

37. Energiesparendes Bauen

Wir Menschen ziehen uns Kleidung an, um die Körperwärme – unsere Körperenergie – zu halten. Dafür gibt es heute Hightec-Textilien, die wind- und wasserdicht sind und die Körperwärme automatisch regulieren.

Energiesparendes Bauen ist da nicht so einfach. Bauwerke sind sehr komplexe Gebilde und unzählige Faktoren haben Einfluss auf seine Funktionalität. Daher wird das Bauen auch in den meisten Staaten gesetzlich geregelt. In zahlreichen Ländern gibt es außerdem spezifische Regelungen zum energiesparenden Bauen.

Dabei beinhaltet energiesparendes Bauen das gesamte Spektrum von der Baustoffherstellung, der Gebäudeerrichtung, über die Nutzung bis zur Entsorgung. Wichtige Kriterien für energiesparendes Bauen sind zum Beispiel: Sehr gute Wärmedämmung der Außenbauteile sowie Wärmeisolierung der Innenbauteile; die Kompaktheit der Gebäudeform; die Vermeidung von Wärmebrücken; Wind- und Zugdichtigkeit der Bauhülle; Dichtheit vor Wasser und Feuchtigkeit; Langlebigkeit der Baustoffe sowie eine effiziente Erzeugung von Wärmeenergie und Nutzung von Elektroenergie.

Bei Neubauten aller Art werden diese energiesparenden Faktoren weitgehend berücksichtigt, dafür sorgen die geltenden Rechtsvorschriften. Derartige Maßnahmen sind nicht nur umwelt- und ressourcenschonend, sie bringen auch wirtschaftliche Einsparungen. Dem Energiespartrend folgend, gibt es seit etwa zwanzig Jahren neben dem „konventionellen" Haus, auch das Niedrigenergiehaus und das Passivhaus. Moderne Häuser sind heute oftmals mit viel Steuer- und Regelungstechnik ausgestattet und ein Teil der benötigten Energie kommt aus regenerativen oder nachwachsenden Rohstoffquellen.

Hat man früher kleine Fenster und Türen verbaut, um die Wärmeverluste in den Häusern so gering wie möglich zu halten, so wird heute möglichst lichtdurchflutet, mit viel Glas, gebaut. Der Internationalen Energieagentur IEA zufolge wird 19 % des weltweiten Stroms für Beleuchtung verbraucht (Stand 2008). Dem wird heute durch die genannte Bauweise, aber auch durch effiziente, energiesparende und funktionelle Beleuchtung entgegengewirkt. Aber auch die optimale Nutzung des Tageslichtes spielt dabei eine bedeutende Rolle. Dafür gibt es Heliostate, das sind Reflexionsapparate mit einem Spiegel, die das Sonnenlicht unabhängig von der Veränderung der Sonnenposition am Himmel immer auf den gleichen, ortsfesten Punkt reflektiert. Schon die alten Ägypter sollen mit Hilfe von Hand geführter Spiegel, das Sonnenlicht bis ins Innere der Pyramiden gebracht haben. Aber auch die verschiedensten Tageslichtsysteme helfen, Licht ins Dunkel zu bringen. Leider ist ein Nachrüsten solcher energiesparenden Lichtsysteme in Altbauten wirtschaftlichen fast nicht möglich. Aber es sind sicher bedeutende bauliche Maßnahmen der Zukunft, um Elektroenergie zu sparen.

Bei Altbauten dagegen ist es nicht immer leicht den Baukörper energiesparend nachzurüsten, technisch wie auch finanziell. Besonders kompliziert wird es, wenn sowohl denkmalschutztechnische, als auch energetische Aspekte zu berücksichtigen sind. Die verordnete Energiesparwut trägt dann oftmals seltsame Blüten wie nachfolgendes Bespiel zeigt.

38. Wärmedämmung – Bautechnik mit Tücken

Mit Energie muss sparsam umgegangen werden – ohne Wenn und Aber. Das trifft auch auf Heizwärme in Gebäuden zu. Noch vor wenigen Jahrzenten waren in unseren Wohnhäusern nur einzelne Räume beheizt; oftmals die Stube, und die Küche wurden durch das Kochen sowieso mit beheizt. Türen und Fenster blieben in der kalten Jahreszeit weitgehend geschlossen, um die Wärme nicht ins Freie entkommen zu lassen. Gebaut wurde mit den unterschiedlichsten Materialien, die nur eines gemein hatten: Sie waren alle natürlichen Ursprungs.

Diese Bautechniken, Türen und Fenster aus Holz, Fachwerk, 240 Millimeter Ziegelsteinwände, Decken aus Holz, Stroh, Lehm und so weiter, waren schlecht geeignet um die Wärme in den Gebäuden zu halten. Zugluft und Kältebrücken sorgten unstrittig für nicht geringe Wärmeverluste.

Da kam die Bauforschung in Zusammenarbeit mit der Bauwirtschaft auf die Idee der Wärmedämmung. Die Wärme in den Gebäuden halten, dadurch Energiekosten und natürlich Energieträger einsparen, was zusätzlich die Umwelt schont. Grundsätzlich eine gute, eine sehr gute Idee. Aber nicht immer wird eine gute Idee auch gut umgesetzt – besonders, wenn man zu viel des Guten will.

Man entwickelte Türen und Fenster aus PVC, Aluminium und Holz sowie Verbundstoffen, die keinen Luftzug mehr durchlassen und deren Scheibensysteme mehrfach isoliert sind. Weiterhin wurden Bau- und Isolierstoffe für Innen- und Außenisolierungen sowie für Dachisolierungen entwickelt. Toll – können so doch auch Häuser älterer Bauart auf modernen Isolationsstandard gebracht werden. Das kostet zwar eine ganze Menge Geld, amortisiert sich aber nach einem berechenbaren Zeitraum und dann spart man Geld und man tut was Gutes für die Umwelt und das Klima. Ist doch eine gute Sache – oder? Das dachte sich wohl auch unsere Politik, allen voran die Grünen, und sprangen auf den schon fahrenden Zug der Wärmedämmungseuphorie auf. Und da unsere Politiker immer bemüht sind uns Bürgern mittels unserer Steuern Wohltaten zukommen zu lassen, wurden gewaltige Förderprogramme aufgelegt. Wir Deutsche haben diesbezüglich eine seltsame Mentalität entwickelt: Alles was es an Förderungen von Vater Staat gibt, muss mitgenommen werden. Dabei stellen diese Subventionen immer nur einen geringen Teil der aufzubringenden Investition dar, der größere Teil muss aus eigenen Mitteln finanziert werden – zum Teil auch mit Krediten. Den Immobilienbesitzern aber wird eingeredet, wie ihre Immobilie an Wert gewinnt, durch diese Investition der Wärmeisolierung. Alle Gegenargumente werden mit der Umweltschutz- und Ressourcen-Schonungs-Keule erschlagen.

Aber wie sieht die Realität aus? Halten die vollmundigen Wärmeisolierungsversprechen das, was sie versprechen?

Ein Gebäude ist in gewisser Weise eine Art lebender Organismus. Es muss atmen können, Wärme und Kälte aufnehmen und abgeben, Feuchtigkeit aufnehmen und abgeben – es folgt chemischen und physikalischen Gesetzmäßigkeiten, die wir Menschen nicht unbegrenzt außer Kraft setzen können. Nie zuvor waren Gebäude so auf unser Wohlgefühl konzipiert wie heute. In den kalten Jahreszeiten werden alle Räume wohl temperiert, in den warmen dagegen zunehmend klimatisiert, also gekühlt. Die Folgen dieser teilweise erheblichen Temperaturdifferenzen, sind Spannungen in den Gebäuden, die durch die unterschiedlichen Ausdehnungskoeffizienten der verschiedenen verbauten Materialien entstehen. Können diese Spannungen nicht ausgeglichen werden oder aber „abfließen", so kommt es zu Gebäudeschäden, die sich insbesondere durch Risse optisch darstellen.

Nie zuvor herrschte in den Räumen von Gebäuden auch eine Luftfeuchtigkeit wie in unseren Tagen. Es wird geduscht, gebadet, gewaschen, gespült, getrocknet, gekocht, gekühlt; wir haben Haustiere, Luftbefeuchter, Aquarien, Zimmerpflanzen. All dies gibt Feuchtigkeit in den Räumen ab, die irgendwo hin muss.

Es werden Innenraumisolierungen installiert, die sehr oft unsachgemäß erstellt werden – Zwangsbelüftung und Zwangsentlüftungen sind die Seltenheit. Aber wo soll die Feuchtigkeit hin? Sie ist dann nicht selten Ursache für Schimmelbildung sowie Schäden an Putz, Wandverkleidungen und anderen Innenraumausstattungen. So können teure Innenisolierungen sowie der Austausch von Türen und Fenstern nach neustem Standard, schnell zur Kosten- und Gesundheitsfalle werden. Schimmelbildung in Wohnräumen ist erwiesenermaßen gesundheitsgefährdend, oftmals sogar Ursache für Krankheiten und Allergien. Immer luftdichter verpackt schimmeln wir vor uns hin, der Wohnungsbefall soll schon in die Millionen gehen. Oftmals beginnt dann ein langwieriger Streit zwischen Vermieter und Mieter, um die Schuldfrage zu klären. Es wird dann teilweise so dargestellt, als ob durch einfachste Änderungen des Heiz- und Lüftungsverhalten dem Problem Schimmelbildung der Garaus gemacht werden könnte. Das mag sicher teilweise zutreffen, der Großteil der

Schimmelbildung basiert aber definitiv auf baulichen Mängeln. Sanierungsmaßnahmen bei größerem Schimmelbefall (über 0,5 Quadratmeter) sollten unbedingt von Fachfirmen durchgeführt werden. Den richtigen Experten findet man über den Bundesverband Schimmelpilzsanierung e.V. oder auf den Internetseiten des Umweltbundesamts. Diese Sanierungen können richtig teuer werden, lassen aber wirklich keine Alternative zu, denn Schimmel ist nicht teilweise zu beseitigen.

Dann gibt es noch die Fassadendämmung. Wände atmen zwar nicht, aber sie sind in der Lage, Luftfeuchtigkeit aufzunehmen und zu verteilen. Im Allgemeinen führen Außendämmungen nicht zu Feuchtigkeitstau und geben somit kaum Anlass zur Schimmelbildung. Unstrittig sparen diese nicht ganz billigen Sanierungsmaßnahmen auch erheblich Energie ein, wenn sie fachlich korrekt angebracht wurden. Bei Neubauten sind derartige Dämmmaßnahmen daher planungs- und ausführungsmäßig vom Gesetzgeber vorgeschrieben. Die Fakten werden bei diesem Thema aber gern so hingedreht, wie man sie (die Dämmungs- und Umweltlobby) braucht. Gut, Wände atmen nicht und die Feuchtigkeitsdiffusion von Wänden ist recht gering, durch Isolierungen und dichte Fenster und Türen geht aber auch jede Zwangslüftung verloren. Früher wurden Innen- und Außenwände mit Naturputz versehen, die feuchtigkeitsregulierende Eigenschaften besaßen. Diese Putzschichten fehlen bei modernen Bauten fast vollständig. Das eigentliche Problem der Außenisolierung liegt aber ganz woanders! Der Gesetzgeber agiert, zum Teil wahrhaftig populistisch, mit zahlreichen Gesetzen und Verordnungen, um Energie einzusparen und damit die Umwelt zu schonen und zu entlasten. Das freut besonders die Bauchemie und natürlich auch das Baugewerbe. So wurde seit den 1980-er Jahren öffentlich bekannt, dass viele Chemikalien in Baustoffen zu gravierenden Gesundheitsschäden führen können. In der Vergangenheit machten vor allem der Xylamonskandal, Parkettkleber auf Teerbasis, Asbest und in den letzten Jahren immer mehr Konditionierer aus Kunststoffen (Weichmacher, Formaldehyde) von sich reden.

Jetzt geraten auch die neuen Fassadenbaustoffe in den Fokus. Heute wird bei der Sanierung älterer Gebäude häufig auf sogenannte Wärmedämmverbundsysteme (WDVS) zurückgegriffen, weil sie vergleichsweise billig sind und eine anerkannte und einfache Lösung bieten, Energieverluste durch die Gebäudehülle zu senken, ohne sich allzu sehr Gedanken über die bauphysikalischen Zusammenhänge in einem Gebäude machen zu müssen. Nach Schätzung des Fraunhofer-Informationszentrums Raum und Bau (IRB), wurden seit der Einführung der Wärmedämmverbundsysteme im deutschsprachigen Raum geschätzte 600 Millionen Quadratmeter davon auf Fassaden geklebt. Sie bestehen meistens aus einer Polystyrol-Dämmschicht, Kunststoffarmierungsgeweben, kunststoffmodifizierten Zementklebern und Fassadenfarben. Letztere werden mit sogenannten „Alghiziden" und „Fungiziden" angereichert, damit die Fassaden länger wie neu aussehen. WDVS bieten physikalisch bedingt, besonders auf der Wetterseite der Fassaden, gute Wachstumsbedingungen für Algen und Pilze. Dadurch, dass die Innenwand kaum noch Wärme an die Fassadenoberfläche abgibt, kühlt die äußere Oberfläche nachts rasch ab und Feuchtigkeit kondensiert, sodass Algen und Pilze gut gedeihen. Außerdem finden sie leicht Halt auf den WDVS-Fassaden. Denn weil die Temperaturunterschiede in den obersten Millimetern der Fassade stattfinden, sind feine Haarrisse bis zum Armierungsgewebe unvermeidlich und einkalkuliert. Damit auch sie nicht optisch auffallen, werden WDVS-Fassaden mit dem allgegenwärtigen Rauputz versehen, er soll die feinen Risse kaschieren. Rauer Putz begünstigt wiederum Staubanlagerungen, die einen guten Nährboden abgeben. Aber auch dagegen werden schon wieder Fassadenfarben mit Nanopartikeln für einen „Lotuseffekt" angeboten, soll heißen, Schmutz haftet nicht so gut auf der Fassade.

Viele weitere chemische Substanzen werden in diesen Wärmedämmverbundsystemen verarbeitet und verbaut, deren Wirkungen auf die Umwelt und den menschlichen Körper weitgehend unbekannt oder strittig sind.

Man kann wohl behaupten, dass diese Wärmedämmsysteme kein nachhaltiges Bauen ermöglichen. Die Lebensdauer dieser WDVS-Systeme wird mit nur zweiundzwanzig Jahren eingeschätzt. Und dann? Dann haben wir zwar Energie eingespart, ob sich die Investition bis dahin amortisiert hat, sei dahingestellt, und sitzen dafür auf einem unvorstellbaren Berg von Müll, der täglich anwächst. Denn die verbauten Fassadendämmungen sind ein kaum zu trennendes Verbundmaterial mit zahlreichen Zusatzstoffen, deren Entsorgung noch völlig offen ist – was wohl bleibt, ist massenhaft Sondermüll.

Der Architekt Christoph Mäckler, ehemaliger Vorsitzender des Bundes Deutscher Architekten, plädiert dafür nachhaltig und klimagerecht zu bauen, anstatt Gebäude in Kunststoff zu verpacken. Eine weiche Dämmschicht aus geschäumtem Kunststoff habe nicht die gleiche Lebensdauer wie eine gemauerte Wand – meint Mäckler. „Nachhaltig bauen bedeutet, ein Gebäude so zu errichten, dass es auch noch in hundertfünfzig Jahren genutzt werden kann und nicht nach dreißig Jahren wieder abgerissen oder erneuert werden muss." Dies müsse bei der Energiedebatte berücksichtigt werden. Mäckler fordert vom Gesetzgeber für Neubauten Wärmeverbundsysteme zu untersagen.

Statt dessen sollte so geplant und konstruiert werden, dass durch entsprechende Wanddicken Dämmstoffe überhaupt nicht erst nötig werden. Dem kann ich als Konstrukteur und Technologe nur zustimmen. Und bei der Altbausanierung muss mit Bedacht und Sachverstand agiert werden, denn nicht jeder Altbau benötigt Wärmeisolierung, denn sonst ersticken wir eines Tages im Sondermüll Fassadendämmung.

39. Resümee

Wohin der Weg der Energiegewinnungstechnologien führt ist wohl noch nicht absehbar. Auf jeden Fall aber in neue Technologiegefilde, denn die Bestände der marktbeherrschenden fossilen Energieträger gehen ihrem Ende entgegen. Wie lange sie noch reichen werden, ist dabei bislang umstritten.

Bei der Suche nach neuen Lösungen, neuen Energiequellen, sollten wir uns in keine Korsetts zwingen lassen, auch nicht in die der Grünen und Umweltschützer. Auch diese sehr geschätzten und anerkennenswerten gesellschaftlichen und politischen Strömungen haben bisher keine durchgehend tragfähige Lösung des Energieproblems vorzuzeigen.

Und wie das leider immer so ist, auch in Volksdemokratien gesellen sich zu den heeren Gesinnungsgenossen immer schnell Leute, die nur ihren persönlichen Vorteil suchen. Das ist in allen politischen Strömungen so – leider auch bei den Umweltaktivisten.

Niemand wird wohl ernsthaft die Notwendigkeit des Schutzes von Natur und Umwelt in Frage stellen. Allerdings sollten die Verhältnisse auch dabei gewahrt bleiben. Blanker Idealismus, der teilweise schon den Charakter von Doktrin annimmt, hilft da nicht wirklich.

Offenheit und Ehrlichkeit sind in Zukunft mehr denn je gefragt. Wir brauchen neue Energiegewinnungstechnologien und dazu müssen wir forschen und entwickeln – ohne Tabus. Nichts darf ausgeschlossen werden in diesem Findungs- und Entwicklungsprozess. Auch müssen wir uns von der immer weiter voranschreitenden Monopolisierung und Zentralisierung der Energieversorgung lösen, um die energiepolitische Zukunft zu gestalten.

Schon im vergangenen Jahrhundert wurden Rohstoffe zum wirtschaftlichen und politischen Spielball. In Zukunft werden Rohstoffe, Energie und Trinkwasser über Krieg und Frieden entscheiden. Wir alle müssen daher ein neues Verantwortungsbewusstsein entwickeln, jeder Einzelne. Es ist nicht einzusehen, dass zum Beispiel Millionen Euro für den Schutz von bedrohten Lurchen ausgegeben werden, sich aber um die Zerstörung ganzer Regionen der „dritten Welt" zum Zwecke der Rohstoff- oder Energiegewinnung niemand schert. Ganz abgesehen von den menschenunwürdigen Lebens- und Arbeitsbedingungen der dort ansässigen Bevölkerung. Damit meine ich nicht, dass wir in den reichen Industrieländern auf unseren Wohlstand zu Gunsten anderer verzichten sollten. Nein, dies wäre zu kurz gesprungen. Aber wir dürfen uns nicht zufrieden zurücklehnen und das Argument herbeiziehen – wir geben viele Milliarden für die Entwicklungshilfe. Diese verschwinden zum Großteil in den Taschen korrupter Politiker und helfen den betroffenen Menschen in den Entwicklungsländern wenig. Gleiches trifft auf die oftmals gepriesenen Investitionen der großen Konzerne dort zu. Die werden nicht getätigt aus „Nächstenliebe" sondern ausschließlich zum Eigennutz der Konzerne.

Dabei gibt es so viele kluge Ideen, die jedoch aus den unterschiedlichsten Gründen nicht weiterverfolgt werden oder werden können. Und die, wenn sie denn erfolgreich umgesetzt werden könnten, unsere Welt zum Besseren verändern würden.

Die Verbreitung von Angstszenarien wie das Waldsterben, das Ozonloch oder der vom Menschen verursachte CO_2-Treibhauseffekt, sind da kontraproduktiv.

Die Theorie des Waldsterbens wurde dabei schon lange aufgegeben, nachdem sie nicht mehr haltbar war. Denn nach wie vor ist die Fläche von Deutschland fast zu einem Drittel mit Wald bedeckt. Und im Zuge der Umwandlung von landwirtschaftlicher in forstwirtschaftliche Flächen kommen durchschnittlich etwa 540 Quadratkilometer pro Jahr hinzu.

Nicht anders sieht es mit den Propagandazsenarien Ozonloch und Klimakiller CO_2 aus. Den wenigsten Lesern dürfte der „Heidelberger Appell" etwas Konkretes sagen: Dies ist ein Zusammenschluss von über viertausend Wissenschaftlern, darunter zweiundsiebzig Nobelpreisträger, die ein Dokument gegen die irrationalen ökologischen Ideologien unterzeichnet haben.

Betrachten wir nur den propagierten Klimawandel, den ich ausdrücklich nicht in Zweifel ziehen will, den es aber in dramatischen Formen schon zu allen

Zeiten der Weltgeschichte gab – auch längst vor der Existenz der menschlichen Spezies. Von den Ursachen hat die Wissenschaft nur Hypothesen, mehr nicht.

Fakt ist, ein erhöhter CO_2-Gehalt in der Luft führt zu einem stärkeren Pflanzenwachstum. So wird von Agrarwissenschaftlern ausgeführt, dass beispielsweise Weizen bei einem Kohlendioxidwert von etwa 1 200 Teilen von einer Million, den höchsten Ertrag bringen würde, in unserer heutigen Atmosphäre sind aber nur etwa 380 Teile von einer Million enthalten. Die daraus zu ziehenden Schlüsse überlasse ich dem Leser.

Nun wird von Umweltschützern und Ökopolitikern propagiert, dass wir Menschen mit unserer Lebensweise den CO_2-Klimakiller verstärkt produzieren oder freisetzen. Milliarden Euros haben wir schon für die CO_2-Emissionsverhinderung ausgegeben und viele Milliarden werden denen noch folgen. Sogar ein eigener Wirtschaftssektor ist entstanden – der Emissionshandel – die einen machen aus „Scheiße Geld", andere aus CO_2.

Fakt ist: Nur etwa 1,2 % der gesamten CO_2-Emissionen sind menschlichen Ursprungs und die restlichen 98,8 % stammen aus natürlichen Quellen.

Ich möchte aber hier nicht weiter die Ökoverhinderungskeule schwingen, sondern einfach nur zu mehr Offenheit, Ehrlichkeit, Unabhängigkeit und vor allem Transparenz aufrufen. Und dazu, kluge Köpfe zu unterstützen!

Ein Beispiel dafür ist die CEELTE-Technologie der beiden österreichischen Erfinder Walter Loidl und Roland Stagl. Als einfachste Umsetzung dieser Technologie wäre es möglich Meerwasserentsalzungsanlagen zu errichten, die insbesondere in den sonnenverwöhnten Entwicklungsländern eine bedeutende Hilfe zur Selbsthilfe darstellen könnten. Leider fehlen den engagierten Erfindern und Entwicklern aber die finanziellen Mittel zur Realisierung ihrer Ideen und Erfindungen. Vielleicht kann da ja mein Buch etwas helfen. Wenn Sie helfen und unterstützen möchten oder eigene Ideen haben, dann schreiben sie mir einfach eine Mail: energie@sternal-media.de.

Weitere Bücher aus unserem Verlag

Sagen, Mythen und Legenden aus dem Harz Band 1 -4

Mythen, Sagen und Legenden prägen den Harz wie kaum etwas anderes, wir begegnen ihnen auf Schritt und Tritt. Wir haben sie gesammelt, ihnen ein modernes Kleid geschneidert und sie farbig illustriert um sie zu erhalten und weiter zu überliefern. Denn leider sind Erzählstunden nicht mehr all zu modern.

Band 1: Taschenbuch: ISBN: 978-3-8391-2712-4
    Gebundene Ausgabe: ISBN 978-3-8391-2850-3
Band 2: Taschenbuch: ISBN: 978-3-8391-5059-7
    Gebundene Ausgabe: ISBN: 978-3-8370-5893-2
Band 3: Taschenbuch: ISBN: 978-3-8423-3958-3
    Gebundene Ausgabe: ISBN: 978-3-8423-3486-1
Band 4: Taschenbuch: ISBN: 978-3- 8482-3082-2
    Gebundene Ausgabe: ISBN: 978-3-8482-2754-9

Schultze und Müller im Harz

Wilhelm Scholz (1824-1893) war ein bekannter und begnadeter deutscher Zeichner, Karikaturist und Humorist des 19. Jahrhunderts. Darauf sollte man aber den begnadeten Künstler aber nicht reduzieren, denn er war auch brillanter humoristischer Reiseschriftsteller. Darum haben wir eines seiner Werke, „Schultze und Müller im Harz", neu aufgelegt.

Taschenbuch: ISBN: 978-3-8391-4902-7

Burgen und Schlösser der Harzregion Band 1, 2 und 3

Das Autorenteam möchte versuchen, Ihnen mit diesem Buch diese von Mystik umwehten Relikte einer längst vergangen Zeit näher zu bringen. In einzigartiger Weise haben wir geschichtliche Fakten mit detaillierten Grundriss- und Rekonstruktionszeichnungen sowie historischen Stichen und Zeichnungen verknüpft.

Band 1:
Gebundene Ausgabe: ISBN: 978-3-8391-8878-1
Taschenbuch: ISBN: 978-3-8423-3947-7
Band 2:
Gebundene Ausgabe: ISBN: 978-3-8423-5024-3
Taschenbuch: ISBN: 978-3-8423-7730-1
Band 3:
Gebundene Ausgabe: ISBN: 978-3-8482-0809-8
Taschenbuch: ISBN: 978-3-8482-1841-7

Die Mär von Reineke dem Fuchs

Wir haben versucht, das Image der alten, verstaubten Fabel abzustreifen und Reineke dem Fuchs mit einer modernen Version neues Leben einzuhauchen. Wir hoffen, dass wir mit unserem modernisierten Text und den gleichfalls modernisierten Illustrationen Ihren Geschmack getroffen haben.
Gebundene Ausgabe:
ISBN: 978-3-8423-0627-1
Taschenbuch:
ISBN: 978-3-8423-3001-6

Die Harz-Geschichte

Der Harz als nördlichstes deutsches Mittelgebirge war zu allen Zeiten eine Kulturscheide. Daraus entwickelt hat sich eine einzigartige Kulturlandschaft, eine Symbiose aus verschiedensten Landschaftsformen und Vegetationsstufen, einhergehend mit den unterschiedlichsten menschlichen Siedlungsstrukturen. Dieses Mittelgebirge, mit seinen Vorlanden, in all den Facetten seiner Entwicklung vorzustellen, ist Anliegen dieses Buches.
Band 1:
Gebundene Ausgabe: ISBN: 978-3-8423-4263-7
Taschenbuch: ISBN: 978-3-8482-0263-8
Band 2:
Gebundene Ausgabe: ISBN: 978-3-8482-1339-9
Taschenbuch: ISBN: 978-3- 8482-0746-6

In jenen Jahren Band 1 und 2

Dietrich Wilde – Über die Zeit nach 1945 in Bad Suderode und Gernrode wird in diesem Buch berichtet. Zunächst als Bürgermeister in Gernrode unter amerikanischer, danach unter russischer Besatzung, später als Richter in Magdeburg und Halle – Zeiten der Vergewaltigungen und Verbrüderungen, des Wiederaufbaus, rücksichtsloser Demontage und großherziger Geschenke, Zeiten sowjetischer Härte und russischer Seele! Tragödien und Komödien im besiegten Deutschland.

Band 1 Taschenbuch: ISBN: 978-3-8423-5364-0
Band 2 Taschenbuch: ISBN: 9-783-8423-8119-3

Asturien
Das Naturparadies auf dem Sternenweg

Seit Jahrtausenden folgen Menschen aus ganz Europa dem Lauf der Sterne durch Nordspanien. Die Küstenroute des Jakobusweges in Asturien hat ihren ganz besonderen Reiz. Hier ist der Sternenweg, wie der Pilgerweg auch genannt wird, geprägt durch die Nähe von Meer und Bergen.

Taschenbuch: ISBN: 978-3-8448-0722-6

Marienkäfer habens leichter- Offenbarung meiner Kindheit

Hochbegabt und nicht erkannt-autobiografische Erzählung eines hochbegabten Kindes. Diese Hochbegabung wurde nicht erkannt und bereitete der Autorin eine streckenweise leidvoll durchlebte einsame Kindheit und Jugendzeit. Mit der Maxime „Alles ist Liebe", durchleuchtet sie ihre Kind-heit, philosophiert über Menschen und Erlebnisse. Sie beschreibt und analysiert retrospektiv mit dem Abstand einer gereiften Frau schonungslos und in berührender Weise ihre für sie schmerzvoll durchlebten Kindheitserleb-nisse so, dass der Leser ihre Kindheits- und Jugendjahre noch einmal selbst mit durchlebt und mitleidet, als ob er in ihrer Haut stecken würde. Die Autorin will dieses Buch keinesfalls als Abrechnung mit ihrer Familie, ehemaligen Mitschülern und Lehrern verstanden wissen sondern es ist ausschließlich die Schilderung und ihre Sicht auf das Geschehene, die Auf- und Verarbeitung des Durchlebten als hochbegabtes Kind und Jugendliche.
Taschenbuch: ISBN: 978-3-8482-1145-6

Deutschland (k)ein Erfinderland

Ein Abriss durch die Geschichte deutschen Erfindertums

mit autobiographischen Passagen sowie einigen Kommentaren und Einlassungen, die hoffentlich zum Nachsinnen anregen

Taschenbuch:
ISBN: 978-3-8448-0599-4

www.ingramcontent.com/pod-product-compliance
Lightning Source LLC
Chambersburg PA
CBHW020436220526
45464CB00002B/731